恋上园艺茶艺

身边树木识多少

曲同宝◎编著

黑龙江科学技术出版社
HEILONGJIANG SCIENCE AND TECHNOLOGY PRESS

图书在版编目（CIP）数据

身边树木识多少 / 曲同宝编著. -- 哈尔滨 : 黑龙江科学技术出版社, 2018.3
（恋上园艺茶艺）
ISBN 978-7-5388-9501-8

Ⅰ. ①身… Ⅱ. ①曲… Ⅲ. ①园林树木－识别 Ⅳ. ①S68

中国版本图书馆CIP数据核字(2018)第014816号

身边树木识多少

SHENBIAN SHUMU SHI DUOSHAO

编　　著　曲同宝
责任编辑　闫海波
摄影摄像　深圳市金版文化发展股份有限公司
策划编辑　深圳市金版文化发展股份有限公司
封面设计　深圳市金版文化发展股份有限公司
出　　版　黑龙江科学技术出版社
　　　　　地址：哈尔滨市南岗区公安街70-2号　邮编：150007
　　　　　电话：（0451）53642106　传真：（0451）53642143
　　　　　网址：www.lkcbs.cn
发　　行　全国新华书店
印　　刷　深圳市雅佳图印刷有限公司
开　　本　685 mm×920 mm　1/16
印　　张　13
字　　数　150千字
版　　次　2018年3月第1版
印　　次　2018年3月第1次印刷
书　　号　ISBN 978-7-5388-9501-8
定　　价　39.80元

目录 Contents

植物形态介绍

叶片组织结构

叶形

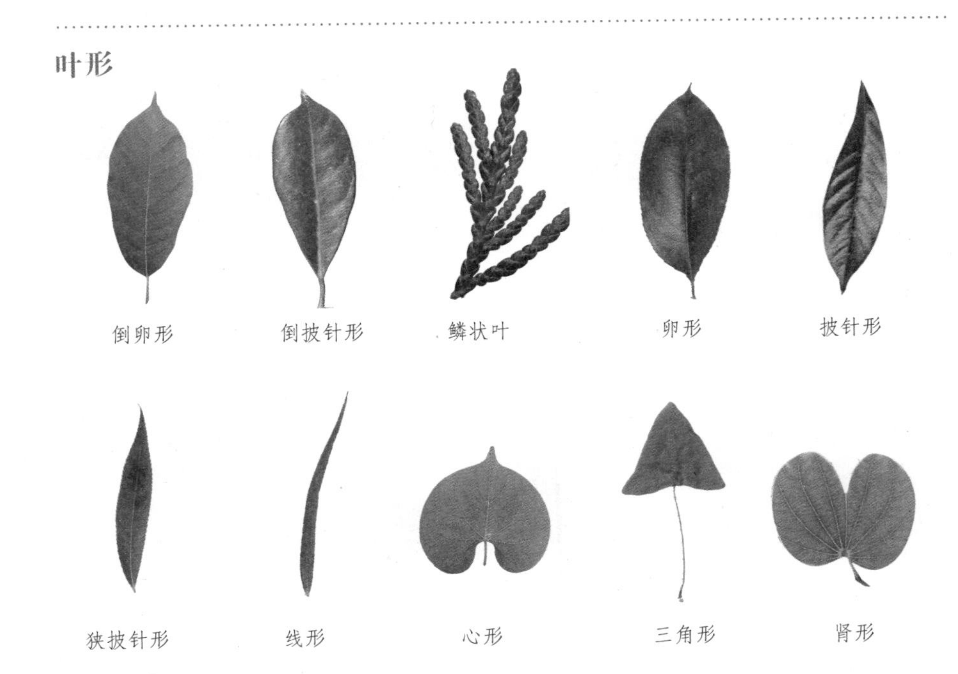

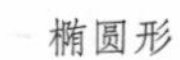
椭圆形

圆形

戟形

叶序

对生

互生

奇数羽状复叶

掌状复叶

二回羽状复叶

轮生

偶数羽状复叶

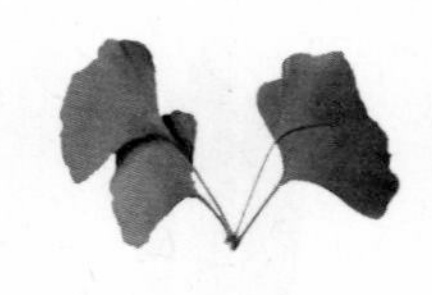
簇生

叶缘

波浪缘

锯齿缘

全缘

深裂

浅裂

花朵组成结构

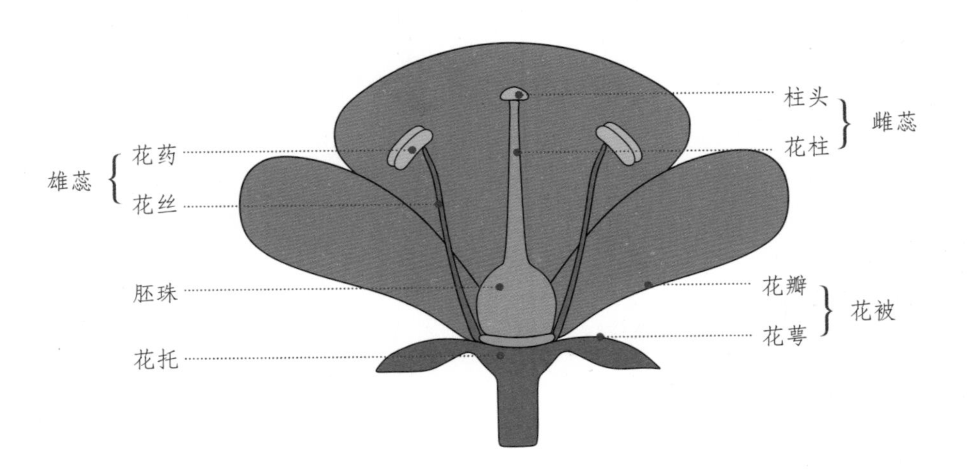
柱头
雌蕊
花柱
雄蕊
花药
花丝
胚珠
花瓣
花被
花萼
花托

花序

二球悬铃木花序
伞房花序
穗状花序
头状花序
总状花序
单生
聚伞花序
葇荑花序
舌状花
圆锥花序

花型

唇形花

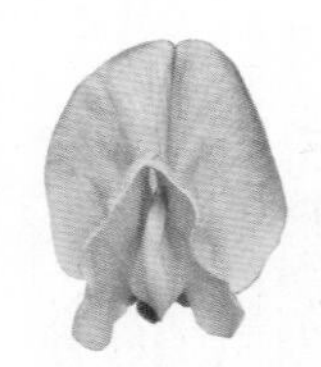
蝶形花

管状花

漏斗形

十字花

壶形花

钟状

果型

浆果

核果

荚果

聚合果

蓇葖果

蒴果

坚果

翅果

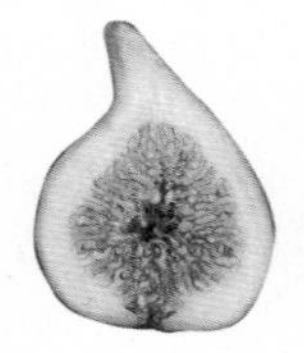
隐果

球果

朋友间要深入了解

“如果有来生，要做一棵树……站成永恒、没有悲伤的姿势：一半在尘土里安详，一半在空中飞扬；一半散落阴凉，一半沐浴阳光。非常沉默、非常骄傲，从不依靠从不寻找。”

既然我们不能成为树，那么和树做朋友应该不会是一件奢侈的事吧！想要成为朋友，当然需要了解清楚对方的脾气，知道它的习惯和喜好，知道它来自哪里，给予它所需要的关心，等等。

陀螺果

Melliodendron xylocarpum

互生

6~20 m

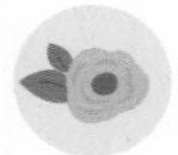
4~5 月

7~10 月

参数 Data

科名： 安息香科

属名： 陀螺果属

别名： 水冬瓜

分布： 我国西南、华南等地区。一般生长在海拔1000~1500 m山谷地带。

特征 Characteristic

树皮呈灰褐色，树干胸径可达20 cm，小枝红褐色。叶绿色，椭圆形，叶缘有锯齿，先端渐尖。花白色，无香味，花冠裂片长圆形。果常为倒卵形。

野茉莉

Styrax japonicus var. *japonicus*

互生

4~8 m

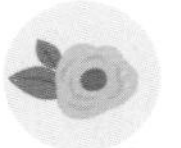
4~7月

9~11月

参数 Data

科名： 安息香科

属名： 安息香属

别名： 耳完桃、君迁子、野花棓

分布： 我国秦岭淮河以南。生长于海拔400~1800 m的向阳坡地。

特征 Characteristic

树皮灰褐色，平滑，幼枝较扁，暗紫色。叶片纸质近革质，椭圆形或长椭圆形，叶缘上部有锯齿。顶生总状花序，花萼漏斗状，花冠倒卵形，白色，向下弯垂。果实卵球形，种子褐色。

柏木

Cupressus funebris

轮生

30~35 m

3~5月

3~5月

参数 Data

科名： 柏科

属名： 柏木属

别名： 垂丝柏、香扁柏

分布： 我国南部和西南部。生长于海拔300~1000 m的不同地区江带流域或纯木林地。

特征 Characteristic

树皮褐灰色，有细长条裂片。小枝绿色，细长下垂状。叶先端尖锐，两侧对折，表面无毛。花椭圆形，淡绿色。果圆球形，成熟为暗褐色。树干胸径可达2 m。

翠柏

Calocedrus macrolepis var. *macrolepis*

对生

30~35 m

3~4 月

9~10 月

参数 Data

科名： 柏科

属名： 翠柏属

别名： 长柄翠柏、山柏树、翠蓝柏

分布： 我国西南、华南等地。生长于海拔800~2 000 m的林地内。

特征 Characteristic

树皮红褐色或褐灰色，有纵向裂纹。小枝互生，成尖塔形。叶为鳞叶，扁平状，顶部尖。花黄色，生长于短枝顶端。球果矩圆形，成熟后为红褐色。树干胸径可达1 m。

铺地柏

Sabina procumbens

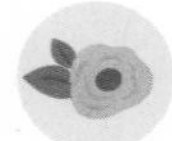

轮生　50~75 cm　3~5 月　9~11 月

参数 Data

科名： 柏科

属名： 圆柏属

别名： 矮桧、偃柏

分布： 原产日本，我国山东省和华东地区有栽培。

特征 Characteristic

匍匐生长，枝条褐色，沿地面生长，小枝密生向上斜生。叶全为刺叶，交叉轮生，刺形叶条状披针形，先端锐尖，上面凹下面凸。球果近球形，成熟后变黑色。

蝴蝶果

Cleidiocarpon cavaleriei

互生

20~25 m

5~11 月

5~11 月

参数 Data

科名： 大戟科

属名： 蝴蝶果属

别名： 山板栗、猴果、密壁

分布： 我国西部和西南地区。生长于海拔150~750 m的山地、沟谷常绿树林地。

特征 Characteristic

树皮灰色，树干胸径可达100 cm。叶椭圆形，先端渐尖；表面深绿色，光滑无毛，背面浅绿色。花淡绿色偏白，圆锥状花序。果卵球形，果皮革质。

石栗

Aleurites moluccana

互生

15~18 m

4~10 月

10~12 月

参数 Data

科名： 大戟科

属名： 石栗属

别名： 烛果树、油桃、黑桐油树

分布： 我国南部地区。生长于光照充足，湿度较低的疏林等地带。

特征 Characteristic

树皮暗灰色，有少许纵向浅裂纹。枝灰褐色，表皮近无毛状。叶深绿色，卵形到椭圆状披针形，无毛。花乳白色至黄色，多数成堆生长，花瓣长圆形。果近球形，浅绿色。

铁海棠

Euphorbia milii

互生

0.6~1.0 m

全年

全年

参数 Data

科名： 大戟科

属名： 大戟属

别名： 虎刺、虎刺梅、麒麟花

分布： 原产非洲，我国南北方均有栽培，常见于公园、植物园和庭院中。

特征 Characteristic

茎多分枝，具纵棱，密生硬而尖的锥状刺。叶倒卵形或长圆形，先端圆，叶缘无锯齿。花红色，生长于枝干上部叶腋，苞片肾圆形，先端有小尖头。果三角状卵形，平滑无毛。

乌柏

Sapium sebiferum

互生

13~15 m

4~8 月

10~12 月

参数 Data

科名： 大戟科

属名： 乌柏属

别名： 腊子树、柏子树、木子树

分布： 我国黄河以南各省均有分布。常生长于塘边、疏林或旷野。

特征 Characteristic

树皮暗灰色，有纵向裂纹。树冠圆球形。叶片纸质，常为菱形或卵状菱形，先端骤尖，全缘。顶生总状花序，雌雄同株，花为单性，下部为雌花。花小，黄绿色。蒴果梨状，种子外被白色的假种皮。

一品红

Euphorbia pulcherrima

互生

1~3 m

10~ 翌年 4 月

10~ 翌年 4 月

参数 Data

科名： 大戟科

属名： 大戟属

别名： 猩猩木、老来娇

分布： 原产墨西哥，我国大部分地区都有栽培。

特征 Characteristic

茎直立，分枝多。叶片卵状椭圆形，先端急尖，边缘波状浅裂或全缘，有苞叶，狭卵圆形，朱红色。聚伞状花序顶生，总苞坛状，有黄色腺体，没有花瓣。蒴果三棱状圆形，种子卵形。

重阳木

Bischofia polycarpa

互生

13~15 m

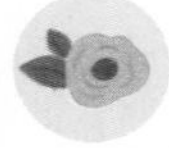
4~5 月

10~11 月

参数 Data

科名： 大戟科

属名： 秋枫属

别名： 乌杨、红桐

分布： 分布于我国华东地区。生长于气候温暖、阳光充足的地带。

特征 Characteristic

树皮褐色，有纵向裂纹。树枝向外伸展，树冠伞形。三出复叶，小叶卵状椭圆形，叶缘有细锯齿，先端尖。花叶同放，生长于新枝下部。果成熟后红褐色。树干胸径可达50 cm。

枸骨

Ilex cornuta

互生

1~3 m

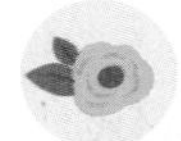
4~5月

10~12月

参数 Data

科名： 冬青科

属名： 冬青属

别名： 猫儿刺、老虎刺、八角刺

分布： 分布于我国华东和华南地区，在云南省有栽培。生长于海拔150~1900 m的山坡、丘陵及路旁。

特征 Characteristic

枝条灰白色，有纵裂纹且叶痕明显，二年枝为褐色。叶片革质，较厚，卵形或四角状长圆形，叶缘有坚硬刺齿。花簇生长于二年枝的叶腋，淡黄色。果球形，成熟时鲜红色。

龟甲冬青

Ilex crenata cv. *convexa*

互生

3~5 m

5~6 月

8~10 月

参数 Data

科名： 冬青科

属名： 冬青属

别名： 龟背冬青

分布： 长江中下游、华南及华北部分地区。

特征 Characteristic

老枝灰褐色，分枝多，小枝有毛。叶片革质、较小，椭圆形或长圆形，叶缘圆齿状。花小，聚伞状花序腋生，白色。果球形，成熟时黑色。

刺槐

Robinia pseudoacacia var. *pseudoacacia*

互生

10~25 m

4~6 月

8~9 月

参数 Data

科名： 豆科

属名： 刺槐属

别名： 洋槐

分布： 原产美国东部，我国华北及华东地区有栽培。

特征 Characteristic

树皮灰褐色，有纵向裂纹。奇数羽状复叶，小叶长椭圆形，幼时有毛后无毛，先端圆钝。花朵白色，多数密集而生，有香味。荚果褐色，呈线状长圆形。

盾柱木

Peltophorum pterocarpum

互生

4~15 m

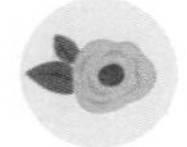
6~10 月

8~11 月

参数 Data

科名： 豆科

属名： 盾柱木属

别名： 双翼豆

分布： 原产越南、斯里兰卡、马来半岛、印度尼西亚和大洋洲北部，我国南部地区有栽培。

特征 Characteristic

老枝有皮孔。二回羽状复叶，叶柄粗壮，被锈色绒毛。叶长圆状倒卵形，边缘无锯齿，先端圆钝，有凸出尖端。圆锥状花序顶生或腋生，花瓣倒卵形有长柄，花蕾圆形。荚果扁平，两端尖。

凤凰木

Delonix regia

互生

18~20 m

6~7 月

8~10 月

参数 Data

科名： 豆科

属名： 凤凰木属

别名： 凤凰树、火树

分布： 原产马达加斯加，我国华南和西南地区有栽培。

特征 Characteristic

树皮灰褐色，粗糙无刺，树冠广阔。二回偶数羽状复叶，小叶椭圆形，叶缘光滑无锯齿，先端圆钝。花鲜红至橙红色，托盘状，花形大。荚果扁平，暗红褐色。

海红豆

Adenanthera pavonina

互生

5~20 m

4~7 月

7~10 月

参数 Data

科名： 豆科

属名： 海红豆属

别名： 孔雀豆

分布： 我国华东、华南等地。生长于气候温暖、湿润、光照充足的地带。

特征 Characteristic

嫩枝有柔毛。叶绿色，长圆形，叶缘无锯齿，两面具少量柔毛，先端圆钝。总状花序单生长于叶腋或在枝顶排成圆锥形花序，花白色或淡黄色，花形小，有香味。果实长圆形。

合欢

Albizia julibrissin

互生

13~16 m

6~7 月

8~10 月

参数 Data

科名： 豆科

属名： 合欢属

别名： 马缨花、夜合、绒花树

分布： 我国华北、华东、华南、西南等地区。生长于气候温暖，阳光充足的地带。

特征 Characteristic

树干灰黑色。二回羽状复叶，小叶对生，披针形，叶缘无锯齿，先端有尖头，有缘毛。花由基部白色渐变至花瓣粉红色，生长于枝顶，针状散呈圆锥形。荚果带状。

胡枝子

Lespedeza bicolor

互生

1~3 m

7~9 月

9~10 月

参数 Data

科名： 豆科

属名： 胡枝子属

分布： 东北、华北、华中和华南地区。生长于海拔150~1000 m的山坡、林缘地带。

特征 Characteristic

直立生长，枝条暗褐色，多分枝。羽状3出复叶，小叶薄纸质，卵状长圆形，全缘。腋生总状花序组成圆锥状花序，花蝶形，红紫色。荚果斜倒卵形。

槐

Sophora japonica

互生

20~25 m

7~8 月

8~10 月

参数 Data

科名： 豆科

属名： 槐属

别名： 国槐、豆槐、槐树

分布： 原产中国，现全国各地都有栽培。日本、越南也有分布，欧洲、美洲有引种。

特征 Characteristic

树皮灰褐色，上有纵裂纹。嫩枝光滑呈绿色。树冠卵形，奇数羽状复叶，小叶纸质，全缘，卵状披针形。顶生圆锥状花序，花冠白色，蝶形。荚果黄绿色，似串珠。

黄豆树

Albizia procera

互生 10~25 m 5~9 月 9~ 翌年 2 月

参数 Data

科名： 豆科

属名： 合欢属

别名： 白格、红荚合欢

分布： 我国南部地区。生长于低海拔疏林地带。

特征 Characteristic

树皮灰色，无刺。二回羽状复叶，小叶对生，椭圆形，叶缘光滑无锯齿，先端圆钝，叶表面中脉微凹。头状花序在枝顶或叶腋排成圆锥状花序，花冠黄白色。荚果带状，扁平无毛。

黄槐决明

Cassia surattensis

互生

5~7 m

全年

全年

参数 Data

科名： 豆科

属名： 决明属

别名： 黄槐

分布： 原产印度、斯里兰卡、菲律宾和澳大利亚等国家，我国热带地区有栽培。

特征 Characteristic

树皮灰褐色，较平滑。偶数羽状复叶，小叶卵形或长椭圆形，叶片全缘，叶轴和叶柄为棱状，叶轴下部有腺体。腋生总状花序，花瓣黄色。荚果扁平呈带状。

金合欢

Acacia farnesiana

互生

2~4 m

3~6 月

7~11 月

参数 Data

科名： 豆科

属名： 金合欢属

别名： 鸭皂树、刺毬花、消息花、牛角花

分布： 我国华南和西南各地。常生长于阳光充足，土壤疏松且肥沃的地方。

特征 Characteristic

树皮褐色分枝较多，小枝常“之”字形弯折。二回羽状复叶，小叶线形，托叶针刺状。腋生头状花序，花香，黄色。具荚果，成熟后近圆柱形。

腊肠树

Cassia fistula

对生

13~15 m

6~8 月

10 月

参数 Data

科名： 豆科

属名： 决明属

别名： 牛角树

分布： 原产印度、缅甸和斯里兰卡，我国华南及西南地区有栽培。

特征 Characteristic

树皮幼时灰色，老时暗褐色。叶嫩绿色，卵形或长圆形，叶缘无锯齿，先端短尖。花黄色，与叶同时开放，疏散下垂，花瓣倒卵形。果圆柱形，黑褐色。

龙牙花

Erythrina corallodendron

互生

3~5 m

6月

9~11月

参数 Data

科名： 豆科

属名： 刺桐属

别名： 象牙红，珊瑚树，珊瑚刺桐

分布： 原产热带美洲，在我国华南，华东有栽培。

特征 Characteristic

树干和枝条有皮刺。羽状复叶，小叶3枚，菱状卵形。腋生总状花序，花2~3朵，稍下垂；花冠红色，蝶形。荚果较长，里面的种子多颗，深红色。

龙爪槐

Sophora japonica var. *japonica* f. *pendula*

互生

20~25 m

7~8 月

8~10 月

参数 Data

科名： 豆科

属名： 槐属

别名： 垂槐

分布： 原产中国，在宋代传入日本。江南地区较为多见。

特征 Characteristic

是国槐的芽变种，嫩枝均下垂，形似龙爪，树皮有纵向裂纹，灰褐色。羽状复叶，小叶长圆形或卵状长圆形。顶生圆锥状花序，花冠黄色或白色。荚果内有多颗种子，成熟后不开裂。

南洋楹

Albizia falcataria

对生

10~25 m

4~5 月

6~8 月

参数 Data

科名： 豆科

属名： 合欢属

别名： 仁仁树、仁人木

分布： 原产马六甲及印度尼西亚马鲁古群岛，现广植于各热带地区，我国福建、广东、广西有栽培。

特征 Characteristic

树皮灰色，树干笔直。叶片深绿色，总叶柄有腺体，小叶先端尖。花先白色后渐黄，单个腋生或多数组成圆锥状花序，花萼呈钟形。荚果带状，成熟后会裂开，内有种子。

伞房决明

Cassia corymbosa

互生

2~3 m

7~10 月

10 月 ~ 翌年 3 月

参数 Data

科名： 豆科

属名： 决明属

分布： 原产南美洲，黄河以南地区有栽培。

特征 Characteristic

分枝多，小枝外皮平滑。羽状复叶，小叶2~3对，长披针形或长椭圆形。花顶生或腋生，花瓣5枚，呈阔椭圆状，鲜黄色。早开的花先长成豆荚，荚果圆柱形，翌年3月以后才会掉落。

水黄皮

Pongamia pinnata

互生

8~15 m

5~6 月

8~10 月

参数 Data

科名： 豆科

属名： 水黄皮属

别名： 野豆

分布： 我国华东、华南地区。生长于气候温润，阳光充足的地区。

特征 Characteristic

树皮灰绿色，嫩枝有时有少量柔毛。叶绿色，长椭圆形，边缘无锯齿，先端渐尖。花淡紫色，多数簇生长于总轴节上，花冠白色或粉红色。果表面有不明显的小疣突。

台湾相思树

Acacia confusa

互生　6~15 m　3~10月　8~12月

参数 Data

科名： 豆科

属名： 相思子属

别名： 台湾柳、相思子、相思树

分布： 原产中国台湾，现我国南部地区有栽培。生长于海拔300 m以下的荒山、沿海地带。

特征 Characteristic

树皮灰色。枝褐色或灰色，表面光滑无刺。叶绿色，披针形，边缘光滑无锯齿。花金黄色，带有淡淡的香味，球形。荚果扁平，表面无毛有光泽，深褐色。

朱缨花

互生

1~3 m

8~9 月

10~11 月

参数 Data

科名： 豆科

属名： 朱缨花属

别名： 美蕊花

分布： 原产南美洲，我国的福建、广东和台湾有引种。

特征 Characteristic

枝条褐色，较粗糙，呈扩展状。二回羽状复叶，小叶长椭圆形。腋生头状花序，上有多数花，花冠管状，淡紫红色。荚果暗棕色，线状倒披针形。

紫穗槐

Amorpha fruticosa

互生

1~4 m

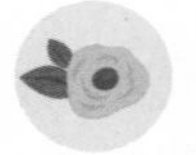
5~10 月

5~10 月

参数 Data

科名： 豆科

属名： 紫穗槐属

别名： 穗花槐、棉槐

分布： 原产美国，我国东北、华北、西北及华中地区有栽培。

特征 Characteristic

植株丛生，枝多叶茂，树皮暗灰色，幼枝灰褐色。奇数羽状复叶，小叶纸质，卵形或披针状椭圆形，全缘。穗状花序，花蝶形，紫色。荚果扁平，稍有弯曲，棕褐色。

杜鹃

Rhododendron simsii

互生　2~5 m　4~5月　6~8月

参数 Data

科名： 杜鹃花科

属名： 杜鹃属

别名： 杜鹃花、映山红、照山红

分布： 长江流域及以南。生长于海拔500~1200 m的山坡上或栽培。

特征 Characteristic

树皮有纵裂，老枝灰黄色，分枝多且细，密被棕褐色柔毛。叶片有两种，春叶纸质，夏叶革质，长圆状披针形或椭圆状卵形。顶生伞状花序，花冠宽漏斗状；花丝线状，花柱细长。蒴果卵圆形，密被粗毛。

马银花

Rhododendron ovatum var. *ovatum*

互生

2~4 m

4~5月

7~10月

参数 Data

科名： 杜鹃花科

属名： 杜鹃属

别名： 清明花

分布： 华东、华南以及西南地区。常生长于海拔1000 m以下的灌木丛林地。

特征 Characteristic

枝条灰褐色，小枝有毛。叶革质，卵状椭圆形或卵形，叶面有光泽，深绿色。花单生长于枝顶叶腋，花冠紫色或粉红色。蒴果卵球形。

杜英

Elaeocarpus decipiens

互生

5~15 m

6~7 月

8~12 月

参数 Data

科名： 杜英科

属名： 杜英属

别名： 假杨梅、梅擦饭、青果

分布： 我国华中、华南及西南地区。生长于400~700 m的林中或路边。

特征 Characteristic

树皮灰白色，嫩枝被毛。叶片深绿色，会突变成紫红色，披针形，先端渐尖。花白色，花瓣倒卵形，无斑点，有微毛。果椭圆形，外果皮光滑无毛。

水石榕

Elaeocarpus hainanensis var. *hainanensis*

互生

20~25 m

6~7 月

7~8 月

参数 Data

科名： 杜英科

属名： 杜英属

别名： 水柳树、水杨柳

分布： 产于海南、广西南部及云南东南部。生长于低洼湿地。

特征 Characteristic

树冠宽广。叶片聚集在枝干顶部生长，披针形，叶表面光亮无毛，先端渐尖。花白色，花序腋生，苞片卵圆形。果纺锤形，两端尖，内果骨质坚硬。

杜仲

Eucommia ulmoides

互生

18~20 m

3~4 月

8~9 月

参数 Data

科名： 杜仲科

属名： 杜仲属

别名： 丝棉皮、棉皮树

分布： 我国华北、华南、西南等地区。生长于海拔300~500 m的低山林或山谷地带。

特征 Characteristic

树皮灰褐色，全株各部分有白色弹性胶丝。叶片两面初时有柔毛，后脱落。春季开花，雌雄异株，花苞片倒卵形，顶端圆形。翅果扁平，果实长椭状，位于中央，稍突起。

橄榄

Canarium album

对生

10~25 m

4~5月

10~12月

参数 Data

科名： 橄榄科

属名： 橄榄属

别名： 青果、白榄

分布： 我国南方地区。生长于海拔1300 m以下的山谷山坡的杂木林地带。

特征 Characteristic

树皮灰绿色。叶表面深绿色，无毛，叶被脉上有少量刚毛，叶片先端渐尖。花白色，厚肉质，花序腋生，多数花丛生。核果坚硬，成熟时黄绿色，椭圆、卵圆纺锤形。树干胸径可达150 cm。

光叶海桐

互生

2~3 m

4月

9月

参数 Data

科名： 海桐花科

属名： 海桐花属

别名： 山栀茶、土连翘、长果满天香

分布： 我国海南、广东、广西和贵州等地，常生长于山坡、溪边地带。

特征 Characteristic

叶片薄革质，倒披针形或长圆形，聚生枝顶，叶缘波状，全缘。花簇生于枝顶叶片的叶腋上，组成伞状花序，花瓣分离往外卷，黄色。蒴果椭圆形，种子近圆形，红色。

东北红豆杉

Taxus cuspidata

互生

15~20 m

5~6 月

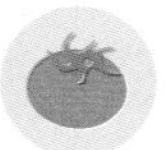
9~10 月

参数 Data

科名： 红豆杉科

属名： 红豆杉属

别名： 紫杉、米树

分布： 产于我国东北老爷岭、张广才岭及长白山地区海拔500~1000 m的高山、坡林地带。中部地区有栽培。

特征 Characteristic

树皮红褐色，稍带细小裂纹。枝条斜展延伸，秋后变淡红褐色。叶分两列，排成不规则状，斜向上展开，上面深绿色，光滑无毛。种子紫红色，有光泽。

枫杨

Pterocarya stenoptera

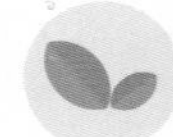
互生

25~30 m

4~5 月

8~9 月

参数 Data

科名： 胡桃科

属名： 枫杨属

别名： 白杨、大叶柳、大叶头杨树

分布： 我国华北、华南以及华东等地区。生长于海拔1500 m以下的山坡林地。

特征 Characteristic

树皮灰色，老后有纵向裂纹。叶多为偶数羽状复叶，叶轴具翅，但翅不发达，小叶长椭圆形，叶缘无锯齿，先端渐尖。花序密集顶生，苞片有细小毛。果长椭圆形，果翅狭条形。

沙棘

Hippophae rhamnoides subsp. *sinensis*

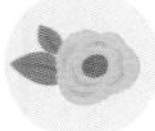

对生 1~5 m 4~5 月 9~10 月

参数 Data

科名：胡颓子科

属名：沙棘属

别名：中国沙棘、醋柳、高沙棘

分布：我国华北、西北部地区都有分布，常生长于海拔800~3 600 m的向阳山坡或沙漠河谷地带。

特征 Characteristic

枝上具多数粗壮棘刺；老枝灰褐色，较粗糙；幼枝褐绿色。叶单生，线形或线状披针形，两面都有银白色鳞斑，全缘。雌雄异株，花萼淡黄色，无花瓣。核果球形，橙黄色或橘红色。

沙枣

Elaeagnus angustifolia var. *angustifolia*

互生

5~10 m

5~6 月

9 月

参数 Data

科名： 胡颓子科

属名： 胡颓子属

别名： 银柳、桂香柳、香柳

分布： 我国西北地区。生长于山地、平原、沙漠等地带。

特征 Characteristic

叶片幼时有银白色鳞片，成熟后脱落，叶形披针状，先端钝尖。花银白色，带香味，花药淡黄色。果椭圆形，粉红色，密被银白色鳞片。

白桦

Betula platyphylla

互生

20~25 m
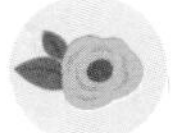
5~6 月

8~10 月

参数 Data

科名： 桦木科

属名： 桦木属

别名： 粉桦、桦木

分布： 我国东北、华北及西北等地区。生长于海拔400~1400 m的山坡林地带。

特征 Characteristic

树皮灰白色，纸状，分层脱落。叶绿色，三角卵形，叶缘有锯齿，先端渐尖，叶柄细瘦。花单性，先叶开花。果圆柱形，坚果小、扁，两侧具宽翅密被毛，成熟后近无毛。

日本桤木

Alnus japonica

互生

13~15 m

4月

8~9月

参数 Data

科名： 桦木科

属名： 桤木属

别名： 赤杨

分布： 我国东北地区。生长于山坡林或河路旁地带。

特征 Characteristic

树皮灰褐色，较光滑，枝条暗灰色，幼枝褐色。短枝生叶倒卵形，叶缘有稀疏锯齿；长枝上的叶披针形，叶表面无毛，叶背面幼时有少量柔毛。先叶开花，花序总状。果序呈总状，小坚果卵形。

鸡蛋花

Plumeria rubra cv. *acutifolia*

互生

2~5 m

5~10 月

7~12 月

参数 Data

科名： 夹竹桃科
属名： 鸡蛋花属
别名： 蛋黄花、缅栀子
分布： 原产南美洲，我国西南和华南地区有栽培。

特征 Characteristic

枝条粗壮，肉质。叶长椭圆形，两面无毛，先端短尖。花由黄色渐变为白色，花瓣椭圆形，微凹，肉质，花丝极短。

夹竹桃

Nerium indicum

轮生

2~5 m

全年

冬春季

参数 Data

科名： 夹竹桃科

属名： 夹竹桃属

别名： 枸那、红花夹竹桃

分布： 我国各地都有栽培，南方尤其多。

特征 Characteristic

枝条灰绿色，直立生长。叶片薄革质，狭披针形，先端急尖，边缘有反卷，叶面深绿，背面浅绿。聚伞状花序顶生，花红色。种子狭椭圆形，褐色。

络石

Trachelospermum jasminoides var. *jasminoides*

对生

长约 10 m

3~7 月

7~12 月

参数 Data

科名： 夹竹桃科

属名： 络石属

别名： 石龙藤、耐冬、白花藤

分布： 我国除东北、西北和内蒙古外都有分布。

特征 Characteristic

茎红褐色，有皮孔。小枝被短柔毛，老枝无毛。叶革质，卵形、倒卵形或窄椭圆形，全缘，无毛或下面疏被短柔毛。聚伞状花序圆锥状顶生或腋生，常二歧分枝。花白色，香味浓。

糖胶树

Alstonia scholaris

轮生

17~20 m

6~11月

10~翌年4月

参数 Data

科名： 夹竹桃科

属名： 鸡骨常山属

别名： 象皮树、灯架树、黑板树

分布： 我国南部及西南局部等地区。生长于海拔650 m以下的山地疏林、路边或水沟边地带。

特征 Characteristic

枝褐色，表面无毛。叶绿色，倒卵形或披针形，表面无毛。花白色，多朵组成稠密的聚伞状花序，顶生，被柔毛。果灰白色，果皮近革质，细长。树干胸径约60 cm。

枫香树

Liquidambar formosana

互生

25~30 m

3~4 月

9~10 月

参数 Data

科名： 金缕梅科

属名： 枫香树属

别名： 枫树

分布： 我国秦岭及淮河以南各省。生长于气候温润的都市平地或低山林地。

特征 Characteristic

树皮灰褐色，有脱落现象，有芳香树液。叶掌状3裂，先端渐尖，背面有短柔毛，秋色叶红色。花短穗状，多个聚集排列。果圆球形。

红花檵木

Loropetalum chinense var. *rubrum*

互生 1~2 m 4~5 月 8 月

参数 Data

科名： 金缕梅科

属名： 檵木属

分布： 我国湖南长沙，其他地区均为栽培。

特征 Characteristic

老枝褐色，分枝多，小枝有毛。叶片革质，卵形，两面都有毛，红色，叶缘无锯齿。花在小枝顶端簇生，萼筒杯状，小花带状，紫红色。蒴果卵圆形。

小叶蚊母树

Distylium buxifolium

对生

1~2 m

2~4 月

8~10 月

参数 Data

科名： 金缕梅科

属名： 蚊母树属

分布： 我国华南、西南等地区，常生长于海拔1000~1200 m的河边灌丛或山林溪边地带。

特征 Characteristic

老枝棕褐色，有皮孔，幼枝纤细无毛。叶片革质，倒披针形，前端锐尖，叶缘无锯齿。雄花或两性花穗状花序腋生，雌花总状花序。蒴果卵形。

木芙蓉

Hibiscus mutabilis f. *mutabilis*

 互生

 2~5 m

 8~10月

 12月

参数 Data

科名： 锦葵科

属名： 木槿属

别名： 芙蓉花、酒醉芙蓉

分布： 原产我国湖南省，现华东、华南、华中和西南均有栽培。常生长于山坡、路旁或水边沙质土地带。

特征 Characteristic

老枝灰白色，幼枝绿色。叶大，宽卵形或心形，有5~7裂，裂片三角形。花单朵腋生，花萼钟形，有5枚卵形裂片，花瓣近圆形，花白色或淡红色，逐渐变成深红色。

木槿

Hibiscus syriaous var. *syriacus*

互生

3~4 m

7~10月

9~10月

参数 Data

科名： 锦葵科

属名： 木槿属

别名： 白面花、白玉花、朝天子、红花木槿

分布： 原产我国中部，现全国各地均有栽培。

特征 Characteristic

直立生长，分枝多。叶片纸质，菱状卵圆形或卵形，有或深或浅的3裂，叶缘有锯齿。花单生长于叶腋，钟形，淡紫色或粉红色。蒴果卵圆形，种子肾形。

朱槿

Hibiscus rosa-sinensis var. *rosa-sinensis*

互生

1~3 m

全年

全年

参数 Data

科名： 锦葵科

属名： 木槿属

别名： 状元红、扶桑、佛桑、大红花

分布： 我国广东、云南、台湾、福建、广西、四川等省区均有栽培。

特征 Characteristic

枝条纤细，圆柱形，上有柔毛。叶片狭圆形或阔卵圆形，前端渐尖，叶缘有锯齿或缺刻。花大，单生长于上部叶腋，叶轴弯曲下垂，花冠漏斗状，红色、浅红色或浅黄色。蒴果卵形。

臭椿

Ailanthus altissima var. *altissima*

对生

18~20 m

4~5 月

8~10 月

参数 Data

科名： 苦木科

属名： 臭椿属

别名： 臭椿皮、大果臭椿

分布： 我国西南部、东部及北部地区。生长于海拔100~2 000 m的向阳山坡或灌木丛地带。

特征 Characteristic

树皮灰色，平滑有条纹。奇数羽状复叶，小叶对生或近对生，卵状披针形，叶缘无锯齿，先端渐尖。花淡绿色，多数密集呈圆锥状花序。翅果长椭圆形。

蜡梅

Chimonanthus praecox

对生

3~4 m

11~ 翌年 3 月

4~11 月

参数 Data

科名： 蜡梅科

属名： 蜡梅属

别名： 蜡木、黄梅花、狗蝇梅、大叶蜡梅

分布： 我国华东、华中和西南地区，欧洲、美洲、日本和朝鲜等国都有引种栽培。

特征 Characteristic

老枝灰褐色，有皮孔，小枝四方形。叶片纸质或革质，卵圆形或卵状椭圆形。花先叶开放，生长于二年枝的叶腋，具芳香，花瓣黄色。蒴果椭圆形。

珙桐

互生

15~20 m

4 月

10 月

参数 Data

科名： 蓝果树科

属名： 珙桐属

别名： 水梨子、鸽子树

分布： 我国西南、华南等地，为我国特产。生长于海拔1500~2200 m的温润的阔叶林地。

特征 Characteristic

树皮深灰色，有脱皮现象。叶表面亮绿色，初期有柔毛，背面有淡黄色柔毛，基部心形，叶缘有粗尖锯齿，顶端急尖。花白色偏淡绿，花瓣大，矩圆状。果长卵圆形，有黄色斑点。

喜树

Camptotheca acuminata var. *acuminata*

互生

18~20 m

5~7月

9月

参数 Data

科名： 蓝果树科

属名： 喜树属

别名： 水栗、旱莲子、水桐树

分布： 我国华南、华东地区，为我国特产。生长于海拔1000 m以下的林边或溪边地带。

特征 Characteristic

树皮灰色，有纵向裂纹。叶表面光滑无毛，叶背面有少量柔毛，矩圆形，先端渐尖。花杂性，花序近球形，花瓣淡绿色。翅果矩圆形。

楝

Melia azedarach

互生

7~10 m

4~5月

10~12月

参数 Data

科名： 楝科

属名： 楝属

别名： 楝树

分布： 我国华北、华南以及华东等地。生长于阳光充足、常年空气湿度大的地带。

特征 Characteristic

树皮灰褐色，有纵向裂纹。2~3回羽状复叶，小叶对生，椭圆形，叶缘有钝齿，先端短尖。花淡紫色，有香味，花瓣倒卵状匙形，有柔毛。核果球形，内果皮木质。

罗汉松

Podocarpus macrophyllus var. *macrophyllus*

对生

15~20 m

4~5 月

8~9 月

参数 Data

科名： 罗汉松科

属名： 罗汉松属

别名： 罗汉杉、土杉、长青罗汉杉

分布： 我国长江以南。生长于气候温暖湿润的地带。

特征 Characteristic

树皮灰褐色，有稍浅的纵向裂纹，常有脱皮现象。叶表面深绿色，有光泽，中间有明显的脉络隆起，叶背面灰绿色。花腋生，穗状。种子卵圆形，有肥厚的种托，红紫色。

竹柏

Podocarpus nagi

对生

10~20 m

3~4 月

10 月

参数 Data

科名： 罗汉松科

属名： 罗汉松属

别名： 罗汉柴

分布： 我国华东、华南地区。生长于海拔1600 m左右的高山地带。

特征 Characteristic

树皮红褐色，裂成小块脱落。枝条向外伸展，树冠呈广圆锥形。叶表面深绿色，光滑无毛，叶被浅绿色，长卵形披针状。花单生长于叶腋。树干胸径可达50 cm。

海州常山

Clerodendrum trichotomum

对生

2~10m

6~11月

6~11月

参数 Data

科名： 马鞭草科

属名： 大青属

别名： 臭梧桐、泡火桐、后庭花

分布： 我国华东、华南、华中和华北以及西南部分地区。生长于海拔2 400 m以下的山坡灌丛地带。

特征 Characteristic

老枝灰白色，上有皮孔，幼枝、叶柄和花序轴都有黄褐色柔毛。叶片纸质，卵状三角形或卵状椭圆形，叶缘波状齿或全缘。聚伞状花序排列成伞房状，二歧分枝，花冠白色或带粉红色，有香味。

马缨丹

Lantana camara

对生

1~2 m

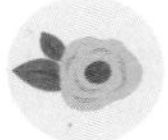
全年

全年

参数 Data

科名： 马鞭草科

属名： 马缨丹属

别名： 五色梅、五彩花、如意草

分布： 原产热带美洲，我国各地常见栽培。

特征 Characteristic

直立或蔓性生长，茎、枝四棱形，常有钩刺。叶纸质，卵形或长圆形，叶缘有钝齿。头状花序腋生，花萼筒状，花冠橙黄色或粉红色。果实圆球形，成熟后变紫黑色。

牡丹

Paeonia suffruticosa

互生

1~2 m

5月

6月

参数 Data

科名： 毛茛科

属名： 芍药属

别名： 洛阳花

分布： 黄河中下游地区，现全国各地都有栽培，国外也有引种。

特征 Characteristic

枝粗壮，分枝短。二回三出复叶，茎顶有三小叶，最上面的叶宽卵形，3中裂，裂片有时还会开裂，侧生叶长椭圆形，有不等深的浅裂。花在枝顶单生，重瓣或5枚花瓣，颜色多。

白兰
Michelia alba

互生

15~17 m

4~9 月

一般不结果

参数 Data

科名： 木兰科

属名： 含笑属

别名： 白兰花、白玉兰

分布： 我国南部地区。生长于光照充足、空气湿润的地带。

特征 Characteristic

树皮灰色，树冠宽广。叶片绿色，表面无毛，叶背面有微毛，叶脉明显。花白色，香味浓郁，苞片大，披针形，成熟时随花托向外延伸。果鲜红色。

鹅掌楸

Liriodendron chinense

互生

20~40 m

5月

9~10月

参数 Data

科名： 木兰科

属名： 鹅掌楸属

别名： 马褂木

分布： 我国南北各地区。生长在海拔900~1000 m的山坡林地。

特征 Characteristic

树皮灰绿色，小枝灰色，树干胸径可达1 m以上。叶片马褂状，灰绿色，有明显叶脉。花黄色渐变淡黄色，杯状，花丝长。果顶端钝。

荷花玉兰

Magnolia grandiflora

互生 20~30 m 5~6 月 9~10 月

参数 Data

科名： 木兰科

属名： 木兰属

别名： 广玉兰、泽玉兰

分布： 我国长江流域以南。生长于气候温暖湿润、光照较好的地带。

特征 Characteristic

树皮淡褐色或灰色，有裂纹。叶表面光泽无毛，叶背面、小枝、叶柄密被褐色短绒毛；叶缘光滑无锯齿，顶部渐尖。花白色，有香味，苞片大，厚肉质。果长圆形。

厚朴

Magnolia officinalis

互生

15~20 m

5~6月

8~10月

参数 Data

科名： 木兰科

属名： 木兰属

别名： 川朴

分布： 分布于我国西南、华南等地区。生长于海拔300~1500 m之间的山坡林地。

特征 Characteristic

树皮灰色，厚而粗糙。叶5~9片集生枝顶，呈假轮生状。叶长圆卵形，叶缘波浪状，先端圆钝，叶背面有灰色柔毛。花白色，有香味，花药内向裂开。聚合果呈卵圆形。

乐昌含笑

Michelia chapensis

互生

15~30 m

3~4 月

8~9 月

参数 Data

科名： 木兰科

属名： 含笑属

别名： 南方白兰花、广东含笑

分布： 我国华中、华南及东南地区。生长于海拔500~1500 m的阔叶林中。

特征 Characteristic

树皮灰色至深褐色。叶深绿色，无毛有光泽，长圆状倒卵形，先端渐尖，叶缘无锯齿。花淡黄色偏白，有香味，倒卵状，肉质稍厚。果实呈长圆球形。

深山含笑

Michelia maudiae

互生

15~20 m

2~3 月

9~10 月

参数 Data

科名： 木兰科

属名： 含笑属

别名： 光叶白兰花

分布： 我国长江流域至华南地区。生长于光照充足，环境湿润地带。

特征 Characteristic

树皮浅灰色，偏薄，平滑不开裂。叶表面深绿色，有光泽，叶背面淡绿色，椭圆形，叶缘光滑无锯齿。花白色，有芳香，倒卵形，有尖角。果倒卵球形。

木麻黄

Casuarina equisetifolia

轮生

15~30 m

4~5 月

7~10 月

参数 Data

科名： 木麻黄科

属名： 木麻黄属

别名： 马毛树、驳骨树

分布： 原产澳大利亚和太平洋岛屿。我国南部和东南部沿海地区有栽培。

特征 Characteristic

树干通直，树皮幼时较薄，成熟时粗糙，有不规则纵向裂纹，深褐色。叶鳞片状，披针形或三角形。花雌雄同株或异株，小苞片有缘毛。果质坚硬。

瓜栗

Pachira macrocarpa

互生

4~5 m

5~11 月

9~11 月

参数 Data

科名： 木棉科

属名： 瓜栗属

别名： 发财树

分布： 原产中美墨西哥至哥斯达黎加，我国西南及华南地区有栽培。生长于高温、高湿地带。

特征 Characteristic

树皮灰绿色，树冠松散。小叶5~11，具短柄或近无柄，长圆形至倒卵状长圆形，顶部渐尖，叶表面无毛，下表面有茸毛。花淡黄色，单生于枝顶叶腋，花瓣披针形至线形。蒴果绿色，果皮较厚。

美人树

Chorisia speciosa

互生

8~15 m

10~12 月

12 月

参数 Data

科名： 木棉科

属名： 爪哇木棉属

别名： 丝绵树

分布： 我国南部沿海地区。生长于高温、多湿地带。

特征 Characteristic

树干绿色，上有瘤状刺，枝向上开展，微斜。掌状复叶具小叶5~7片，叶片椭圆形，边缘有锯齿。花期长，开花时叶子还未长出，花序总状，花冠淡粉红色，前端5裂。蒴果椭圆形。

木棉

Bombax malabaricum

互生

10~25 m

3~4 月

6~8 月

参数 Data

科名： 木棉科

属名： 木棉属

别名： 攀枝花、红棉树

分布： 我国西南及华东、华南等地。生长于海拔1400~1700 m的干热河谷地带。

特征 Characteristic

树皮灰白色，分枝平展。幼树树干及枝具圆锥形皮刺。叶长圆披针形，叶缘无锯齿，先端渐尖，两面无毛。花红色或橙红色，单生于枝顶，花瓣向外弯曲。果长圆形，有白色柔毛。

白蜡树

Fraxinus chinensis

对生

10~12 m

4~5 月

7~9 月

参数 Data

科名： 木樨科

属名： 梣属

别名： 白荆树

分布： 我国南北各地区。生长于海拔800~1600 m的山坡林地。

特征 Characteristic

树皮灰褐色，有纵向裂纹，幼枝粗糙，黄褐色。羽状复叶，小叶绿色，两面无毛，倒卵形，叶缘有齐锯齿。花密集生长，花梗光滑无毛或有细柔毛。果顶端尖锐，呈下垂状。

金钟花

Forsythia viridissima

对生

2~3 m

3~4 月

8~11 月

参数 Data

科名： 木樨科

属名： 连翘属

别名： 迎春柳、迎春条、金梅花、金铃花

分布： 我国长江流域至西南，华北以南广泛栽培。生长在海拔300~2 600 m的山谷林缘和山坡灌丛地带。

特征 Characteristic

直立生长，老枝红棕色，幼枝黄绿色。叶片纸质，长椭圆形或披针形，边缘有锯齿。先花后叶，花常几朵生长于叶腋，花冠深黄色。果卵圆形。

连翘

Forsythia suspensa f. *suspensa*

对生

2~3 m

3~4 月

7~9 月

参数 Data

科名： 木樨科

属名： 连翘属

别名： 黄花杆

分布： 我国东北至中部地区，在日本也有栽培。生长于海拔250~2 200 m的灌丛或疏林地带。

特征 Characteristic

直立生长，枝条棕褐色或淡黄褐色，下垂。叶通常为单叶，也有3裂或三出复叶的情况；叶片纸质，宽卵形或椭圆状卵形。先花后叶，花数朵生长于叶腋，黄色。果卵球形，绿色。

流苏树

Chionanthus retusus

对生

15~20 m

3~6 月

6~11 月

参数 Data

科名： 木樨科

属名： 流苏树属

别名： 炭栗树、如密花、四月雪

分布： 我国华北、华中、华南和西南等地。生长于海拔3 000 m以下的山坡、灌丛地带。

特征 Characteristic

树皮灰褐色或黑灰色，幼枝有柔毛。叶革质，椭圆形或圆形，叶全缘或具小锯齿。圆锥状花序排列成聚伞状，花冠白色，深裂。果椭圆形，呈蓝黑色或黑色。

探春花

Jasminum floridum subsp. *floridum*

互生　0.4~3.0 m　5~9月　9~10月

参数 Data

科名： 木樨科

属名： 茉莉属

别名： 迎夏、鸡蛋黄、牛虱子

分布： 我国华北及西南部地区。生长于海拔2 000 m以下的坡地、山谷林地。

特征 Characteristic

小枝褐色。羽状复叶互生，单叶和复叶混生；小叶3~5枚，两面无毛，先端渐尖，叶缘无锯齿。聚伞状花序顶生，花黄色，花瓣椭圆形，向外微弯，花梗长，苞片锥形。果成熟后呈黑色。

小蜡

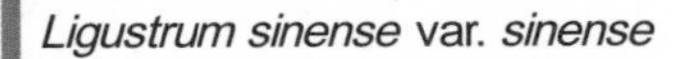

Ligustrum sinense var. *sinense*

对生

2~4 m

3~6 月

9~12 月

参数 Data

科名： 木樨科

属名： 女贞属

别名： 黄心柳、水黄杨、千张树

分布： 我国华东、华南和西南地区有分布，越南和马来西亚均有栽培。生长于海拔200～2 600 m的山坡谷地。

特征 Characteristic

枝条灰褐色，幼枝有毛，以后毛逐渐脱落。叶纸质，长圆形或披针形，全缘，叶背面沿中脉有短绒毛。塔形圆锥状花序，花瓣4枚，白色。果近球形。

迎春花

Jasminum nudiflorum var. *nudiflorum*

对生　0.3~5.0 m　4~5月　6月

参数 Data

科名： 木樨科

属名： 素馨属

别名： 金腰带、清明花、迎春

分布： 长江上游地区，世界各地广泛栽培。生长于海拔800~2 000 m的山坡灌丛地带。

特征 Characteristic

枝条下垂，小枝四棱形，稍扭曲。小枝基部有单生叶，其他为三出复叶，小叶片长卵形，叶缘反卷，顶生叶比侧生叶大。花单生于去年枝的叶腋，花冠黄色，先叶开花。

紫丁香

Syringa oblata var. *oblata*

对生

3~5 m

4~5月

6~10月

参数 Data

科名： 木樨科

属名： 丁香属

别名： 紫丁白、华北紫丁香

分布： 我国东北、华北以及西南地区，西北除新疆外也有分布。常生长于海拔300~2 400 m的山坡丛林或山谷路旁地带。

特征 Characteristic

树皮灰褐色，具腺毛，有皮孔。树冠呈伞形。叶片厚纸质，宽卵形至肾形。侧生圆锥状花序直立生长，花冠筒圆柱状，呈紫色，花密生。果倒卵状椭圆形，光滑。

南洋杉

Araucaria cunninghamii

对生

50~70 m

10~11 月

翌年 8 月

参数 Data

科名： 南洋杉科

属名： 南洋杉属

别名： 澳洲杉、塔形南洋杉

分布： 原产大洋洲东南沿海地区。我国南部等地区有栽培，长江以北有盆栽。

特征 Characteristic

树皮灰褐色，有横向裂纹。枝向外斜展，轮生。叶浅绿到深绿，树幼时叶片呈针形，成熟后为卵形或三角形。

七叶树

Aesculus chinensis var. *chinensis*

对生

20~25 m

4~5月

10月

参数 Data

科名： 七叶树科

属名： 七叶树属

别名： 梭椤树、梭椤子

分布： 我国黄河流域。生长于海拔700 m以下的山地。

特征 Characteristic

树皮深褐色或灰褐色。掌状复叶由5~7小叶组成，小叶表面无毛，背面在叶脉处有少量毛，长圆状披针形。花白色，花瓣倒卵状圆形。果黄褐色，倒卵形，表皮光滑，有斑点。

黄连木

Pistacia chinensis

互生

25~30 m

3~4 月

9~11 月

参数 Data

科名： 漆树科

属名： 黄连木属

别名： 楷木、惜木

分布： 我国南北各个地区。生长于气候温暖，空气温润的地带。

特征 Characteristic

树皮暗褐色，有脱落现象，枝叶有特殊气味。叶披针形，先端渐尖，秋叶黄色。花先叶开放，圆锥状花序腋生，苞片狭披针形，向内微凹。果成熟紫红色。

黄栌

Cotinus coggygria var. *coggygria*

互生

3~5 m

5~6 月

7~8 月

参数 Data

科名： 漆树科

属名： 黄栌属

别名： 摩林罗、黄杨木、乌牙木

分布： 我国华北和西南各地。生长于海拔700~1620 m的向阳山坡地。

特征 Characteristic

老枝灰色，小枝紫红色，木质部黄色。叶片卵圆形或倒卵形，两面都有毛，全缘，秋天经霜后变黄。顶生圆锥状花序，花杂性，较小，多数不育花的花梗在夏初伸长，呈紫色羽毛状。

火炬树

Rhus typhina

互生

8~12 m

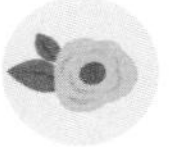
6~7月

8~9月

参数 Data

科名： 漆树科

属名： 盐肤木属

别名： 鹿角漆、火炬漆

分布： 我国东北、华北及西北地区。生长于阔叶林地带。

特征 Characteristic

羽状复叶，叶轴无翅，叶表深绿色，叶背面苍白色，两面被绒毛，长椭圆形，叶缘有锯齿，叶片由绿色渐变成红色。花淡绿色，多数密集生长于顶部。核果深红色，有绒毛，密集成火炬形。

杧果

Mangifera indica

互生

10~20 m

1月

5~6月

参数 Data

科名： 漆树科

属名： 杧果属

别名： 芒果、马蒙

分布： 我国东南部地区。生长于海拔200~1300 m的山坡或林地。

特征 Characteristic

树皮灰褐色，小枝褐色。叶片墨绿色，薄革质，长圆状披针形，叶表面略带光泽，边缘无锯齿。花淡黄色，花瓣长圆形，无毛。果成熟时黄色，有扁平状果核，肉质肥厚。

南酸枣

Choerospondias axillaris var. *axillaris*

 互生
 8~20 m
 4月
 8~10月

参数 Data

科名： 漆树科

属名： 南酸枣属

别名： 五眼果、四眼果、酸枣树

分布： 我国华东、华南、西南等地区。生长于海拔300~2 000 m的山坡丘陵地带。

特征 Characteristic

树皮灰褐色，有脱落现象。奇数羽状复叶，小叶卵状长圆形，先端渐尖。伞状圆锥形花序，雄花和假两性花紫红色，开花时花瓣向外卷，花盘无毛。核果椭圆形，成熟后变成黄色。

人面子

Dracontomelon duperreanum

互生 15~20 m 5~6 月 7~8 月

参数 Data

科名： 漆树科

属名： 人面子属

别名： 人面树、银莲果

分布： 我国南部地区。生长于海拔100~350 m的丘陵或河边等地带。

特征 Characteristic

树干粗壮有纹路。叶绿色，椭圆形，边缘无锯齿，先端渐尖，叶背面有灰白色柔毛。花白色，花序顶生或腋生，花瓣披针形，无毛。果扁球形，成熟后呈黄色。

盐肤木

Rhus chinensis var. *chinensis*

互生

2~10 m

8~9月

10月

参数 Data

科名： 漆树科

属名： 盐肤木属

别名： 五倍子树、盐肤子、盐酸白

分布： 我国长江以南各省市。生长于海拔170~2 700 m的向阳山坡、疏林、灌丛地带。

特征 Characteristic

枝条棕褐色，上有皮孔。奇数羽状复叶，有较宽的叶轴翅，小叶纸质，多为卵形或长圆形，叶缘有粗锯齿，叶背面被白粉和锈色柔毛。圆锥状花序，分枝多，花白色。核果球形，成熟后变红色。

茶条槭

Acer ginnala subsp. *ginnala*

对生

5~6 m

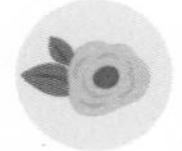
5月

10月

参数 Data

科名： 槭树科

属名： 槭属

别名： 茶条、华北茶条槭

分布： 我国东北、西北和华北等地区，蒙古、朝鲜和日本等国均有分布。生长于海拔800 m以下的疏林地带。

特征 Characteristic

树皮灰色或灰褐色，较粗糙，有纵裂纹。叶纸质，长卵圆形或长椭圆形，有3~5深裂，中央裂片锐尖，裂片均有钝尖锯齿，叶片冬季变红。多数花排列成伞房状花序，花瓣白色，坚果，有翅。

红枫

Acer palmatum 'Atropurpureum'

对生

2~8 m

4~5月

10月

参数 Data

科名： 槭树科

属名： 槭属

别名： 红枫树、红叶、紫红鸡爪槭

分布： 我国华南以及华北等地区。生长于气候温暖湿润、光照柔和的地带。

特征 Characteristic

树皮深褐色，光滑。叶春季红色，夏季紫红色，深秋多呈黄色，多数丛生于枝顶，掌状。花顶生，伞房状花序。翅果成熟后变成黄棕色，果核球形。

鸡爪槭

Acer palmatum var. *palmatum*

对生

6~7 m

5月

9月

参数 Data

科名： 槭树科

属名： 槭属

别名： 鸡爪枫

分布： 我国华东、华中、西南等地区。生长于海拔200~1200 m的林边或疏林地带。

特征 Characteristic

树皮深灰色，初生枝淡紫色，多年后变深紫色。叶掌状，纸质，7~9裂，表面无毛，背面叶脉上有白色丛毛。花朵紫红色，花瓣倒卵形，先端圆钝。果有小翅。

色木槭

Acer mono var. *mono*

对生

15~20 m

5月

9月

参数 Data

科名： 槭树科

属名： 槭属

别名： 五角槭、色木、五角枫

分布： 我国东北、华北及华南等地区。生长于海拔800~1500 m的山坡、山谷及林地。

特征 Characteristic

树皮灰色，有纵向裂纹。叶常5裂，有时3裂或7裂，表面无毛，背面叶脉上有少量柔毛，椭圆形。花淡白色，多数聚集圆锥状顶生在有叶的枝上。果成熟后为淡黄色。

大叶紫薇

Lagerstroemia speciosa

互生

7~25 m

5~7 月

10~11 月

参数 Data

科名： 千屈菜科

属名： 紫薇属

别名： 大花紫薇、百日红

分布： 原产印度、越南、斯里兰卡和菲律宾等国家，我国福建、广东和广西有栽培。

特征 Characteristic

树皮灰色，光滑。叶片革质，较大，椭圆状卵形，叶脉清晰，两面无毛。圆锥状花序顶生，花粉红色或紫色。蒴果球形，灰褐色。

南紫薇

Lagerstroemia subcostata

对生

10~14 m

6~8 月

7~10 月

参数 Data

科名： 千屈菜科

属名： 紫薇属

别名： 马铃花、九芎、苞饭花

分布： 我国华东、华南等地。常生长于林缘或溪边地带。

特征 Characteristic

树皮灰白色或茶褐色。叶片膜质，矩圆状披针形，叶面无毛或有小柔毛。顶生圆锥状花序，花多数，较小，呈白色或玫红色。蒴果椭圆形，种子有翅。

紫薇

Lagerstroemia indica

互生

5~7 m

6~9 月

9~12 月

参数 Data

科名： 千屈菜科

属名： 紫薇属

别名： 痒痒花、无皮树、百日红

分布： 我国东北、华北、华东、华南、华中及西南等地。

特征 Characteristic

树皮灰色或灰褐色，光滑。枝干扭曲，小枝顶生，具四棱。叶片纸质，椭圆形或长椭圆形。顶生圆锥状花序，花淡红色或紫色。蒴果椭圆形，成熟后紫黑色。

碧桃

Amygdalus persica var. *persica* f. *duplex*

 互生

 3~8 m

 3~4 月

 8~9 月

参数 Data

科名： 蔷薇科

属名： 桃属

别名： 千叶桃花

分布： 我国的华北、华东、西南等地区。生长在气候温暖，光照较充足的地带。

特征 Characteristic

树皮暗红褐色，树冠宽广。小枝绿色，光滑无毛。叶绿色，叶表面无毛，背面叶脉处有少数柔毛，叶缘有锯齿。花粉色，先于叶开放，果由淡绿色至橙黄色。

稠李

Padus racemosa var. *racemosa*

互生

10~15 m

4~5月

5~10月

参数 Data

科名： 蔷薇科

属名： 稠李属

别名： 臭耳子

分布： 我国东北和华北地区。生长于海拔880~2 500 m的山谷灌木丛和山林地带。

特征 Characteristic

树皮粗糙，树枝灰褐色。叶长圆形，两面无毛，先端渐尖，边缘有不规则锯齿。总状花序，花白色，多数密集聚生。核果卵球形，无沟槽，不被蜡粉。

垂丝海棠

Malus halliana

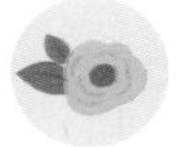

互生 3~5 m 3~4 月 9~10 月

参数 Data

科名： 蔷薇科

属名： 苹果属

别名： 垂枝海棠

分布： 分布于我国华中及西南部各个地区。生长于海拔50~1200 m的山坡丛林地带。

特征 Characteristic

树冠疏散婆娑，小枝、叶缘、叶柄、叶脉、花梗、花萼、果柄和果实常紫红色。叶椭圆形，先端渐尖。花粉红色，伞状花序生长于枝端，呈下垂状。果略带紫色，倒卵形。

棣棠花

Kerria japonica

互生

1~2 m

4~6 月

6~8 月

参数 Data

科名： 蔷薇科

属名： 棣棠花属

别名： 鸡蛋黄花、土黄条

分布： 我国陕西、甘肃等省，及长江流域。生长于海拔200~3 000 m的山坡灌丛地带。

特征 Characteristic

小枝绿色，丛生，常弯曲成拱垂状。叶片纸质，三角状卵形，先端渐尖，叶脉痕迹深，边缘有重锯齿。花单生长于侧枝枝顶，两性，黄色。

风箱果

Physocarpus amurensis

 互生  2~3 m  6月  7~8月

参数 Data

科名： 蔷薇科

属名： 风箱果属

别名： 托盘幌

分布： 我国黑龙江和河北等地，朝鲜和俄罗斯的远东地区也有分布。

特征 Characteristic

老枝灰褐色，小枝紫红色，稍弯曲。叶片纸质，宽卵形，基部常3裂，偶有5裂，叶缘锯齿较深。伞状花序排列成总状，苞片红色，花瓣白色，花药紫色。蓇葖果膨胀，卵形长渐尖头。

火棘

Pyracantha fortuneana

互生

1~3 m

3~5 月

8~11 月

参数 Data

科名： 蔷薇科

属名： 火棘属

别名： 火把果、红子、豆金娘

分布： 我国华东、华中和西南地区。生长于海500~2 800 m的山地、丘陵或向阳坡的草丛地带。

特征 Characteristic

枝顶常成刺状，老枝暗褐色，小枝具锈色柔毛。叶片薄革质，倒卵形或卵状长圆形，叶缘具钝状锯齿。复伞房花序，花萼筒钟状，花瓣白色，花药黄色。果实圆形，橙红色或深红色。

李

Prunus salicina var. *salicina*

互生

9~12 m

4月

7~8月

参数 Data

科名： 蔷薇科

属名： 李属

别名： 李子、玉皇李、苹果仔

分布： 我国东北、西南、华东、华南地区。生长于海拔400~2 500 m的山林谷地中。

特征 Characteristic

树皮灰褐色，粗糙不平。叶表面深绿色，光泽无毛，长椭圆形，先端渐尖。花白色，常3朵簇生，花瓣长圆状倒卵形，有紫色纹脉。果球形，有沟槽，常被蜡粉。

梅

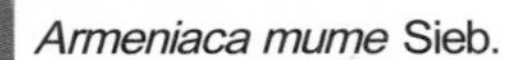

Armeniaca mume Sieb.

互生　4~10 m　12 月 ~ 翌年 3 月　5~6 月

参数 Data

科名： 蔷薇科

属名： 杏属

别名： 梅花、梅树

分布： 我国各地，长江以南最多。多生长于山林、溪边地带。

特征 Characteristic

树皮浅灰色，平滑无毛。叶灰绿色，椭圆形，叶缘有小锯齿，幼时有柔毛，成长时渐脱落。花白色至粉色，有浓厚香味，先于叶开放，花瓣倒卵形。果黄色或绿白色，近球形。

木瓜

Chaenomeles sinensis

互生

5~10 m

4~5 月

9~10 月

参数 Data

科名： 蔷薇科
属名： 木瓜属
别名： 榠楂、木李
分布： 我国华东、华南、华中和华北等地区。

特征 Characteristic

树皮黄棕色或红棕色，呈斑驳状剥落。叶长椭圆形或卵圆形，叶缘有刺状尖锯齿，托叶小，卵状披针形。腋生单花，花萼筒钟状，花瓣倒卵形，浅粉色。果实木质，暗黄色，有芳香。

枇杷

Eriobotrya japonica

互生

5~10 m

10~12 月

翌年 5~6 月

参数 Data

科名： 蔷薇科

属名： 枇杷属

别名： 芦橘、金丸、芦枝

分布： 我国西南、华南、东南等地区。生长于光照较好，排水良好的地带。

特征 Characteristic

小枝黄褐色，小枝、叶背、花梗、花萼、苞片等都密被锈色绒毛。叶表面光亮无毛，披针形或倒卵形，边缘有少数锯齿，先端渐尖。花白色，多数花组成顶生花序，花瓣长圆形。果黄色，长圆形，表皮无毛。

日本晚樱

Cerasus serrulata var. *lannesiana*

互生

3~8 m

4~5 月

6~7 月

参数 Data

科名： 蔷薇科

属名： 樱属

别名： 重瓣樱花

分布： 原产日本，我国南北各个地区均有栽培。

特征 Characteristic

树皮灰褐色，小枝无毛。叶卵状椭圆形，两面均无毛，先端渐尖；幼叶有黄绿、红褐至紫红诸色。花色有纯白、粉白、深粉至淡黄色；花瓣有单瓣、半重瓣至重瓣之别，2~5朵呈伞房状花序。果紫黑色，卵球形。

山荆子

Malus baccata

互生　10~14 m　4~6月　9~10月

参数 Data

科名： 蔷薇科

属名： 苹果属

别名： 林荆子、山定子

分布： 我国东北、华北等地区。生长于海拔50~1500 m的灌木林、山谷杂木林地带。

特征 Characteristic

树皮灰褐色，有裂纹。叶椭圆形，先端渐尖，边缘有锯齿。花白色，伞状花序，多数聚生在枝顶，长萼筒，萼片披针形。果红色或黄色，近球形。

山樱花

Cerasus serrulata var. *serrulata*

互生

3~8 m

4~5月

6~7月

参数 Data

科名： 蔷薇科

属名： 樱属

别名： 福岛樱、草樱、青肤樱

分布： 我国华中地区和东北各地。生长于海拔500~1500 m的山谷林地或路边地带。

特征 Characteristic

树皮灰褐色，小枝无毛。叶表面深绿色，有纹脉，叶背面淡绿色，两面无毛，卵状椭圆形，叶缘有锯齿，先端渐尖。花白色，花瓣倒卵形。果黑紫色。

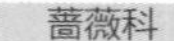

山楂

Crataegus pinnatifida var. *pinnatifida*

互生

4~6 m

5~6月

9~10月

参数 Data

科名： 蔷薇科

属名： 山楂属

别名： 红果、山里红

分布： 我国东北、华北地区。生长在海拔100~1500 m的山坡林边地带。

特征 Characteristic

树皮暗灰色，粗糙无毛。小枝紫褐色，有短枝刺。叶表面暗绿色，有光泽，背面叶脉处有疏毛，宽卵形，先端渐尖。花白色，多数密生，苞片线状披针形。果近球形，深红色。

水栒子

Cotoneaster multiflorus var. *multiflorus*

互生

2~4 m

5~6 月

8~9 月

参数 Data

科名： 蔷薇科

属名： 栒子属

别名： 香李、栒子木、多花栒子

分布： 我国东北、华北、西北和西南地区，常生长于海拔1200~3500 m的山坡灌丛或山沟谷地。

特征 Characteristic

枝条灰色，细长呈拱形，小枝红褐色。叶片卵状，先端急尖。聚伞状花序腋生，花数量多且疏松，单瓣，白色。果实近圆形，红色。

贴梗海棠

Chaenomeles speciosa

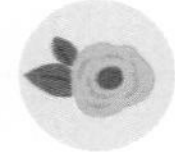

互生　2~3 m　3~5 月　9~10 月

参数 Data

科名： 蔷薇科

属名： 木瓜属

别名： 皱皮木瓜

分布： 我国华东、华中和西南地区，各地常见栽培。

特征 Characteristic

枝条棕褐色，直立开展，小枝紫褐色或黑褐色，枝顶生长成刺。叶片革质，长椭圆形或卵圆形，叶缘具尖锯齿，托叶大，肾形或半圆形。先花后叶，花簇生于二年枝上，单瓣，近圆形，红色或淡红色。果实球形，呈黄色。

榆叶梅

Amygdalus triloba

互生

2~3 m

4~5 月

5~7 月

参数 Data

科名： 蔷薇科

属名： 桃属

别名： 榆梅、栏支

分布： 我国东北、西北和华东地区，现全国各地均有栽培。常生长于中低海拔的林缘或灌木丛地带。

特征 Characteristic

枝条开展，树皮灰色。树冠扁球形。叶片椭圆形或或倒卵圆形，在上部常3裂，边缘有锯齿。先花后叶，花腋生，萼筒宽钟形，花瓣卵圆形，粉红色。核果球形，成熟时红色。

月季花

Rosa chinensis var. *chinensis*

互生

1~2 m

4~9月

6~11月

参数 Data

科名： 蔷薇科

属名： 蔷薇属

别名： 月月红

分布： 原产中国，现全世界均有栽培。

特征 Characteristic

直立生长，茎上有粗壮的钩状皮刺。奇数羽状复叶，叶柄和叶轴上有刺，小叶长圆形，叶缘有锐锯齿。花梗长，花常几朵簇生，重瓣。果实卵形，红色。园艺品种多。

紫叶李

Prunus cerasifera f. *atropurpurea*

互生

6~8 m

4月

8月

参数 Data

科名： 蔷薇科

属名： 李属

别名： 红叶李、樱桃李

分布： 我国新疆有分布，华北及其以南地区广泛栽培。生长于海拔800～2 000 m的峡谷水边或山坡疏林地带。

特征 Characteristic

枝条暗灰色，呈开展状，偶有棘刺，幼枝暗红色。叶片纸质，紫红色，长椭圆形或卵圆形，叶缘有锯齿。单瓣花单生，花瓣白色，边缘波状，长圆形。

枸杞

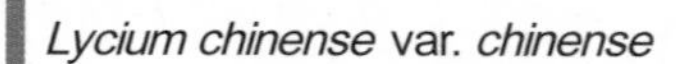

Lycium chinense var. *chinense*

互生

0.5~1.0 m

6~11月

6~11月

参数 Data

科名： 茄科

属名： 枸杞属

别名： 枸杞菜、红珠仔刺、狗牙根、狗奶子

分布： 我国大部分地区。常生长于山坡、田埂。

特征 Characteristic

外皮灰色，茎干较细，有短棘生长于叶腋。叶片较小，卵状披针形，两面无毛，边缘无锯齿。花常1~2朵簇生于叶腋，花冠漏斗状，淡紫色。浆果卵形，红色。

夜香树

Cestrum nocturnum

互生

2~3 m

5~10 月

10~12 月

参数 Data

科名： 茄科

属名： 夜香树属

别名： 夜来香、夜香花

分布： 我国南部地区。生长于阳光充足、气候温润的地带。

特征 Characteristic

叶矩形卵圆状，先端渐尖，叶缘无锯齿，基部近圆形，两面光滑无毛。花白色至黄绿色，到夜晚散发香味，花萼钟状，花药极短。

结香

Edgeworthia chrysantha

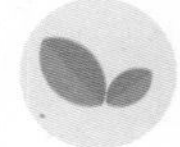
互生

1~2 m

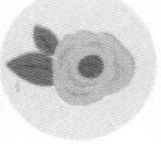
3~4 月

8 月

参数 Data

科名： 瑞香科

属名： 结香属

别名： 黄瑞香、金腰带、密蒙花、雪花皮

分布： 我国华东、华南、华中和西南地区。生长于山谷林下或山坡灌丛地带。

特征 Characteristic

枝棕红色，粗壮。叶片纸质，披针状椭圆形或倒披针形，全缘。先花后叶，头状花序稍有下垂，上有多朵黄色小花，气味芳香。果椭圆形，绿色。

三尖杉

Cephalotaxus fortunei

对生

18~20 m

4月

8~9月

参数 Data

科名： 三尖杉科

属名： 三尖杉属

别名： 桃松、狗尾松、三尖松

分布： 我国华北、华南以及西南等地区。生长于海拔800~2 000 m的丘陵、山地及林地。

特征 Characteristic

树皮褐色，开裂成小块脱落。叶表面深绿色，条形披针状，先端渐尖，叶背面带白色气孔。花丝短，总花梗粗。果实深红色，表皮光滑无毛。树干胸径达40 cm。

薜荔

Ficus pumila var. *pumila*

互生　长 8~12 m　5~8 月　5~8 月

参数 Data

科名： 桑科

属名： 榕属

别名： 凉粉子、木莲、木馒头

分布： 长江以南地区。生长于海拔50~800 m的山区、丘陵等地。

特征 Characteristic

有不定根，生长于不结果的枝节上；茎灰褐色，分枝多。叶片有两种，营养枝上的叶小又薄，心状卵形；繁殖枝上的叶大且厚，椭圆形。单性花为隐头花序。瘦果棕褐色，较小。

波罗蜜

互生	10~20 m	2~3 月	6~7 月

参数 Data

科名： 桑科

属名： 波罗蜜属

别名： 木波罗、树波罗

分布： 可能原产印度西高止山。我国南部常有栽培。

特征 Characteristic

树皮黑褐色，较厚。叶椭圆形，表面光泽无毛，背面灰浅绿色。花淡黄色，生长于茎或短枝上。果椭圆至球形，幼时浅黄色，成熟时黄褐色。树干胸径可达30~50 cm。

垂叶榕

Ficus benjamina var. *benjamina*

互生

10~20 m

8~11月

10~11月

参数 Data

科名： 桑科

属名： 榕属

别名： 柳叶榕

分布： 我国南部地区。生长于海拔500~800 m的杂林地带。

特征 Characteristic

树皮灰色，树冠宽广。叶深绿色，卵状椭圆形，边缘无锯齿，先端渐尖。花柱侧生，花被片数量偏少。果扁球形，成熟后为红色至黄色。树干胸径可达50 cm左右。

高山榕

Ficus altissima

轮生　25~30 m　3~4 月　5~7 月

参数 Data

科名： 桑科

属名： 榕属

别名： 马榕、大青树

分布： 我国南部地区。生长于海拔100~1600 m的山地及林地。

特征 Characteristic

叶片广卵形，两面光滑无毛，有明显叶脉，边缘光滑无锯齿，先端渐尖。花小，单性。果实表皮光滑无毛，成对腋生，卵状椭圆形，成熟后呈黄色或红色。

面包树

Artocarpus incisa

互生

10~15 m

4~6月

8月

参数 Data

科名： 桑科

属名： 波罗蜜属

别名： 罗蜜树、马槟榔、面磅树

分布： 原产太平洋群岛及印度、菲律宾，我国台湾与海南有栽培。

特征 Characteristic

树皮灰褐色，全株有乳汁。叶表面墨绿色，无毛，有光泽，叶背面浅绿色。花朵黄色，穗状花序，单生叶腋。果实近球形，幼时呈绿色至黄色，成熟时呈褐色至黑色。

菩提树

Ficus religiosa

互生

15~25 m

3~4 月

5~6 月

参数 Data

科名： 桑科

属名： 榕属

别名： 思维树

分布： 我国南部地区。生长于海拔400~600 m阳光充裕、气候温暖湿润地带。

特征 Characteristic

树皮灰色，有少量纵向细纹。树冠宽广。叶表面光亮无毛，三角卵形，边缘为波浪形。花柱纤细，柱头小。果红色，表面光滑，扁球形。树干胸径可达30~50 cm。

榕树

Ficus microcarpa

互生

15~25 m

5~6 月

7~11 月

参数 Data

科名： 桑科

属名： 榕属

别名： 细叶榕、万年青

分布： 我国东南部地区。生长于海拔200~1300 m的山地。

特征 Characteristic

树皮深灰色，树冠宽广。叶表面光滑无毛，椭圆形，边缘无锯齿，先端渐尖。花柱近侧生，柱头短。果成熟后呈黄色或偏微红，扁球形。树干胸径可达50 cm。

无花果

Ficus carica

互生

3~20 m

5~7月

5~7月

参数 Data

科名： 桑科

属名： 榕属

别名： 应日果、品仙果

分布： 原产于地中海，土耳其及阿富汗有分布，我国各地都有栽培。

特征 Characteristic

直立生长，树皮灰褐色，多分枝，具皮孔。叶片厚纸质，近圆形，叶缘锯齿不规则。雌雄异株，隐头花序单生叶腋，似无花。榕果椭球形，成熟时紫红色，胚乳丰富，可食用。

印度榕

Ficus elastica

互生

20~30 m

9~11月

9~11月

参数 Data

科名： 桑科

属名： 榕属

别名： 橡皮树、印度胶树

分布： 原产不丹、印度、尼泊尔等热带地区国家，我国云南有野生。生长于海拔800~1500 m的山林地带。

特征 Characteristic

树皮白灰色。叶表面光滑无毛，长圆形，叶背面浅绿色，边缘光滑无锯齿，先端渐尖。花柱近顶生，弯曲。果黄绿色，卵圆形。树干胸径可以达40 cm。

灯台树

Bothrocaryum controversum

互生

6~15 m

5~6月

7~8月

参数 Data

科名： 山茱萸科

属名： 灯台树属

别名： 六角树、瑞木、女儿木

分布： 我国东北及华东、华南各地。生长于海拔250~2 600 m的阔叶林地带。

特征 Characteristic

树皮暗灰色，光滑无毛。当年生枝紫红绿色，二年生枝淡绿色。叶表面光滑无毛，叶背有淡白色柔毛。花白色，聚集呈伞状顶生，花瓣长圆披针形。果成熟呈紫红色至蓝黑色。

红瑞木

Swida alba

对生

1~3 m

6~7 月

8~10 月

参数 Data

科名： 山茱萸科

属名： 梾木属

别名： 凉子木

分布： 我国华东、华北、东北和西北，欧洲各国、朝鲜和俄罗斯也有分布。常生长于海拔600~1700 m的杂木林或针叶混交林地带。

特征 Characteristic

树皮紫红色，老枝血红色。叶片纸质，椭圆形，全缘或叶缘波状反卷。顶生聚伞状花序组成伞房状，花黄白色，较小。核果斜卵圆形，成熟时白色或稍带蓝紫色。

梾木

Swida macrophylla

对生

3~15 m

6~7月

8~9月

参数 Data

科名： 山茱萸科

属名： 梾木属

别名： 椋子木

分布： 我国华中、华南及西南局部等地。生长于海拔100~3000 m的山谷森林中。

特征 Characteristic

树皮灰褐色，幼枝灰绿色。叶表面深绿色，幼时有少量绒毛，长成后消失，叶背面灰绿色，稍带绒毛，卵状长圆形，先端尖锐。花呈白色，芳香。果近球形，成熟变黑色。

四照花

Dendrobenthamia japonica var. *chinensis*

对生

2~5 m

5~6 月

9~10 月

参数 Data

科名： 山茱萸科

属名： 四照花属

别名： 山荔枝、羊梅、石枣

分布： 我国华北、华南、东南等地区。生长于海拔600~2 200 m的山林及湿地。

特征 Characteristic

小乔木或灌木，小枝灰褐色。叶表面光滑无毛，叶背面粉绿色，椭圆形，边缘无锯齿，先端急尖。头状花序球形，花黄白色，花序基部有四枚白色花瓣状大苞片。果红色，果梗纤细。

池杉

Taxodium ascendens

互生

20~25 m

3月

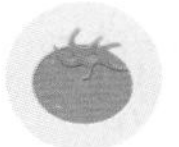
10~11月

参数 Data

科名： 杉科

属名： 落羽杉属

别名： 池柏、沼落羽松

分布： 原产北美洲南部江苏、浙江和河南等地有栽培。生长于沼泽地或水边湿地。

特征 Characteristic

具呼吸根，树皮褐色，上有纵裂纹，会长条片形剥落。树冠尖塔形。嫩枝绿色，二年生的变褐红色，向上伸展。叶片钻形，稍向内弯。球果圆球形，成熟后变成褐黄色。

柳杉

Cryptomeria fortunei

轮生

35~40 m

4月

8~10月

参数 Data

科名： 杉科

属名： 柳杉属

别名： 长叶孔雀松

分布： 我国南部地区。生长于海拔400~2500 m的山谷、小溪边、山坡丛林地带。

特征 Characteristic

树皮红棕色，会开裂成片状并脱落。小枝绿色，常呈下垂状态。叶深绿色，稍向内弯曲，针形。穗状花序较短，单生叶腋下或短枝上。果圆球形。树干胸径可达2 m。

水杉

Metasequoia glyptostroboides

互生

30~35 m

2月

11月

参数 Data

科名： 杉科

属名： 水杉属

别名： 活化石、梳子杉

分布： 我国特产，有活化石之称，产四川和湖北，现全国各地有栽培。

特征 Characteristic

树皮灰色，老树冠尖塔形。一年生枝绿色，后变成淡褐色脱落，侧生小枝排成羽状。球果成熟前绿色，成熟后深褐色，呈四棱状球形。

石榴

Punica granatum

对生

3~5 m

5~6 月

7~8 月

参数 Data

科名： 石榴科

属名： 石榴属

别名： 安石榴、山力叶、丹若

分布： 原产地中海沿岸，现全球热带及温带地区都广为栽培。

特征 Characteristic

老枝圆柱形，幼枝棱形，枝顶尖刺状。叶片纸质，矩圆状披针形，叶全缘。花顶生，花萼卵状三角形，通常呈红色，花瓣皱，红色或黄色。浆果球形，内含多个种子，种外皮肉质，可食用。

君迁子

Diospyros lotus var. *lotus*

互生

25~30 m

4~5月

8~9月

参数 Data

科名： 柿科

属名： 柿属

别名： 牛奶枣、野柿子

分布： 我国华北、华南、西南等地区。生长于海拔1500 m以下的山林或溪边地带。

特征 Characteristic

树皮浅灰色，老时有纵向裂纹。叶光滑无毛，叶背面被灰色柔毛，椭圆形，先端渐尖。花黄白色，花瓣向外翻。浆果较小，成熟前黄色，成熟后蓝黑色，外面有蜡质白粉。

柿

Diospyros kaki var. *kaki*

互生

10~14 m

5~6月

9~10月

参数 Data

科名： 柿科

属名： 柿属

别名： 柿子树

分布： 我国华南及华东地区。生长于气候温暖、阳光充足的地带。

特征 Characteristic

树皮呈长方块状深裂，树冠球形或长圆球形，无顶芽。叶表面光泽无毛，叶背面密被黄褐色柔毛。花淡黄色，钟状，花瓣向外微弯。果扁球形，由嫩绿色变为黄色。

白皮松

Pinus bungeana

束生

25~30 m

4~5 月

10~11 月

参数 Data

科名： 松科

属名： 松属

别名： 三针松、白果松

分布： 我国华北以及西南局部地区，为我国特色树种。生长于海拔500~1800 m的山坡、山脊地带。

特征 Characteristic

树干胸径可达3 m，幼期树皮灰绿色，中期呈薄块状脱落，新旧皮形成彩色斑，老皮脱落后会露出白色光滑内皮。叶针形，粗硬。花卵圆形。果成熟后呈淡黄褐色。

冷杉

Abies fabri

对生 30~40 m 5月 10月

参数 Data

科名： 松科

属名： 冷杉属

别名： 塔杉

分布： 我国特有树种，产于我国西南地区江河流域地带。生长于海拔2 000~4 000 m的高山地带，气候寒冷阴凉的山坡、半阴坡、山谷形成林等地。

特征 Characteristic

树皮白灰色或深灰色，有纵向裂纹。枝淡褐色或淡灰黄色，向上斜伸展。叶绿色，条形，表面光滑无毛，边缘无锯齿。球果暗黑色。树胸径可达1 m，整体呈塔型。

落叶松

Larix gmelinii

束生

30~35 m

5~6 月

9 月

参数 Data

科名： 松科

属名： 落叶松属

别名： 意气松、一齐松

分布： 我国大、小兴安岭。生长在海拔300~1200 m的山坡林地，对水分要求高。

特征 Characteristic

树皮灰色，有纵向裂纹，呈鳞片脱落。树冠呈圆锥形。叶扁平针形，在长枝上螺旋状着生，在短枝上簇生。雌雄球花分别单生长于短枝顶端。球果直立，幼时紫红色，成熟后成鳞片状张开。

马尾松

Pinus massoniana var. *massoniana*

束生

40~45 m

4~5月

10~12月

参数 Data

科名： 松科

属名： 松属

别名： 青松、山松

分布： 我国华北及华南等地区。生长于海拔1500 m以下的山坡林地。

特征 Characteristic

树皮红褐色，纵向开裂成不规则鳞片，树冠呈塔形。叶针形，2到3针一束，边缘有细锯齿。花淡红褐色或淡紫红色，聚集密生在新枝顶端。果卵圆形，褐色。

雪松

Cedrus deodara

   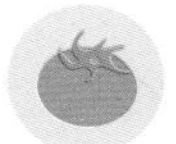

簇生 40~50 m 10~11 月 翌年 10 月

参数 Data

科名： 松科

属名： 雪松属

别名： 香柏

分布： 阿富汗至印度，生长于海拔1 300~3 300 m地带。我国广泛栽培做庭园树。

特征 Characteristic

树皮深灰色，有不规则鳞片状裂纹。枝向下斜垂，淡灰色。叶在长枝上辐射伸展，短枝之叶成簇生状，针形，先端渐尖。花卵圆形。果成熟后红褐色，椭圆形。树干胸径可达3 m。

油松

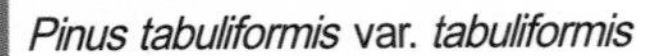
Pinus tabuliformis var. *tabuliformis*

束生

20~25 m

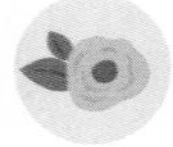
4~5月

翌年10月

参数 Data

科名： 松科

属名： 松属

别名： 短叶松、红皮松

分布： 我国东北、华中、西北等地区。生长于海拔100~2 600 m的山坡林地。

特征 Characteristic

树皮灰褐色，裂成不规则块片，树冠平顶。叶深绿色，针形，2针一束，边缘有细锯齿，叶鞘初呈淡褐色。花紫红色，圆柱形。球果圆卵形。树干胸径可达1 m以上。

云杉

Picea asperata

互生

40~45 m

4~5 月

9~10 月

参数 Data

科名： 松科

属名： 云杉属

别名： 大果云杉

分布： 我国华北地区。生长于海拔2 400~3 600 m气候偏寒的地带。

特征 Characteristic

小枝有少许短柔毛。叶绿色，针形先端急尖，微弯曲。花红紫色。球果圆柱形，下端粗上端渐细，成熟前灰绿色，成熟后栗色，表皮呈鳞片状排列。树干胸径可达1 m。

苏木

Caesalpinia sappan

互生

4~6 m

5~10 月

7~ 翌年 3 月

参数 Data

科名： 苏木科

属名： 苏木属

别名： 苏方木、棕木

分布： 我国南部等地区。生长于海拔500~1800 m的山坡林地。

特征 Characteristic

枝有皮孔，具疏刺。二回羽状复叶，小叶长圆形，对生，叶缘光滑无锯齿，先端圆钝。花黄色，花瓣倒卵形，苞片大，披针形。果红棕色，近长圆形，有光泽。

苏铁

Cycas revoluta

互生

1~4 m

6~7月

10月

参数 Data

科名： 苏铁科

属名： 苏铁属

别名： 铁树

分布： 我国东海沿海，华南和西南地区有栽培，北方地区常见盆栽种植。

特征 Characteristic

茎粗壮，不分枝，上有宿存的叶茎和叶痕。羽状叶顶生，上有近百对羽片，羽片厚革质，线形，先端锐尖似尖刺。雌雄异株，雄株花圆柱形，上有土黄色长绒毛。雌株结果，赤红色。

桉

Eucalyptus robusta

对生

18~20 m

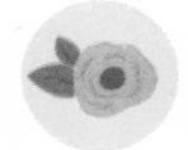
4~9 月

7~11 月

参数 Data

科名： 桃金娘科

属名： 桉属

别名： 桉树、大叶桉、大叶有加利

分布： 原产澳大利亚，我国西南及华南地区有栽培。生长于光照充足，气候温润地带。

特征 Characteristic

树皮深褐色，微厚稍松软。叶革质，卵形，边缘无锯齿，先端渐尖。花白色，伞状花序粗大，多数花聚集而生，花梗短粗。果卵状壶形。

白千层

Melaleuca leucadendron

互生

18 m

一年多次

一年多次

参数 Data

科名： 桃金娘科

属名： 白千层属

别名： 千层皮、玉树、玉蝴蝶

分布： 原产澳大利亚，我国南部地区有栽培。

特征 Characteristic

树皮灰白色，较厚，有脱皮现象。叶灰绿色，披针形，两端渐尖，革质。花白色，无花梗，密集生长在树枝顶端，呈穗状。蒴果近球形。

红千层
Callistemon rigidus

互生

2~5 m

6~8 月

10~11 月

参数 Data

科名：桃金娘科
属名：红千层属
别名：金宝树
分布：原产澳大利亚，我国东南部及南部地区有栽培。

特征 Characteristic

树皮灰褐色，皮质坚硬。枝幼时有毛。叶深绿色，线形，先端渐尖，边缘无锯齿，叶柄短。花鲜红色，顶生在枝端，花瓣绿色，卵形。果半球形。

柠檬桉

Eucalyptus citriodora

互生

28~40 m

4~9 月

9~11 月

参数 Data

科名： 桃金娘科

属名： 桉属

别名： 油桉树

分布： 原产澳大利亚，我国南部地区有栽培。生长于海拔600 m的山坡林地。

特征 Characteristic

树干灰白色，光滑笔直，有脱皮现象。老叶片狭披针形，稍弯曲，深绿色或浅绿色。腋生圆锥状花序，花淡黄色，花瓣倒卵形，前端有浅裂。果纺锤形，内果皮骨质坚硬。

蒲桃

Syzygium jambos var. *jambos*

对生 10 m 3~4 月 5~6 月

参数 Data

科名： 桃金娘科

属名： 蒲桃属

别名： 水蒲桃、香果

分布： 我国东南部及南部等地区。生长于气候温暖、潮湿的河边、河谷地带。

特征 Characteristic

叶片深绿色，披针形，叶缘光滑无锯齿，叶表面光亮无毛，先端渐尖。花白色，无香味，聚集密生枝顶，花瓣阔卵形。果球形，成熟后为黄色。

金丝桃

Hypericum monogynum

对生

0.5~3.0 m

5~8 月

8~9 月

参数 Data

科名： 藤黄科

属名： 金丝桃属

别名： 五心花、狗胡花、照月莲

分布： 分布于我国华东、华南、华中和西南部分地区。生长于海拔1500 m以下的山坡、路旁。

特征 Characteristic

分枝多，小枝红褐色。叶片纸质，长披针形或椭圆状披针形，全缘。花两性，单生或聚生长于枝顶，花瓣和花丝等长或稍短，鲜黄色。蒴果近球形。

白杜

Euonymus maackii

对生

4~6 m

5~6月

9月

参数 Data

科名： 卫矛科

属名： 卫矛属

别名： 明开夜合、丝绵木

分布： 我国除西南地区，及广东、广西两省外，其他地区均有分布。

特征 Characteristic

树皮灰褐色，有纵裂纹，小枝绿色。叶片革质，卵圆形或椭圆状卵形，叶缘具锯齿。聚伞状花序腋生，花淡绿色或黄绿色。蒴果心状倒圆形，成熟后变为橙红色。

扶芳藤

Euonymus fortunei

对生

1~10 m

6月

10月

参数 Data

科名： 卫矛科

属名： 卫矛属

分布： 长江下游各省，生长于山坡树地。

特征 Characteristic

叶片薄革质，椭圆形或长倒卵形，宽窄变化大，叶缘有齿但不明显。聚伞状花序多分枝，有单朵花生长于分枝的中间，花绿白色。蒴果粉红色，果皮无毛，种子棕褐色，外面的假种皮鲜红色。

卫矛

Euonymus alatus var. *alatus*

对生

1~3 m

5~6 月

7~10 月

参数 Data

科名： 卫矛科

属名： 卫矛属

别名： 八木、鬼见愁、见肿消

分布： 除东北地区，及新疆、青海、西藏、广东、海南等省区外，全国其他省区均产。生长于山坡、沟地边沿地带。

特征 Characteristic

枝条绿色，斜向生长。叶片纸质，卵状椭圆形或菱状倒卵形，叶缘有小锯齿。腋生聚伞状花序，花瓣倒卵圆形，淡黄绿色。蒴果，上有深裂，种子椭圆形，橙红色。

龙眼树

Dimocarpus longan

互生

15~20 m

3~4 月

6~9 月

参数 Data

科名： 无患子科

属名： 龙眼属

别名： 福眼、桂圆

分布： 我国西南、华南、东南等地区。生长于海拔800 m以下的低丘陵地带。

特征 Characteristic

树皮黄褐色，粗糙，会成片脱落。叶深绿色，长圆形，边缘无锯齿，先端渐尖。花黄白色，花序顶生或腋生。果球形，皮土黄色，无毛，有果核。

栾树

Koelreuteria paniculata

互生

10~15 m

6~8月

9~10月

参数 Data

科名： 无患子科

属名： 栾树属

别名： 木栾、栾华、五乌拉叶

分布： 我国大部分省份。常生长于海拔200~1200 m的疏林地带。

特征 Characteristic

树皮灰褐色，上部分枝。一回或二回羽状复叶，小叶纸质，卵形至卵状披针形，叶缘具钝锯齿。圆锥状花序顶生，排列成聚伞状，花淡黄色，花瓣鳞片状，开花时变红色，有香味。

无患子

Sapindus mukorossi

互生

17~20 m

3~5月

6~10月

参数 Data

科名： 无患子科

属名： 无患子属

别名： 木患子、油患子、苦患树、黄目树

分布： 我国华东、华南及西南地区均有分布。常见于寺庙、庭院或村旁地带。

特征 Characteristic

树皮灰褐色或黑褐色，嫩枝呈绿色。树冠呈球形。一回羽状复叶，小叶片为长椭圆状或狭披针形，薄纸质。圆锥状花序顶生，上面的花较小。果实成熟时为橙黄色，干后变黑。

苹婆

Sterculia nobilis

互生

7~10 m

4~5 月

7~8 月

参数 Data

科名： 梧桐科

属名： 苹婆属

别名： 凤眼果

分布： 我国南部地区。生长于气候温润的地带。

特征 Characteristic

树皮褐黑色。叶墨绿色，叶片椭圆形或卵圆形，两面无毛，全缘无锯齿，先端急尖或钝。花序圆锥状，花萼钟状。具蓇葖果，鲜红色，成熟后会裂开，内有多粒黑色种子。

梧桐

Firmiana platanifolia

互生

15~20 m

5月

9~10月

参数 Data

科名： 梧桐科

属名： 梧桐属

别名： 青桐、桐麻

分布： 我国华北、华南、西南等地区。生长于光照充足，全年气候湿润的地带。

特征 Characteristic

树皮青绿色，树干笔直。叶掌状3~5裂，两面幼时有黄色柔毛，后脱落，叶缘有粗大锯齿。圆锥状花序顶生，花单性，无花瓣。蓇葖果膜质呈下垂状，橘红色。

南天竹

Nandina domestica

互生

1~3 m

3~6 月

5~11 月

参数 Data

科名： 小檗科

属名： 南天竹属

别名： 白天竹、红杷子、万寿竹

分布： 我国华东、华南、华中和西南地区，常生长于海拔1200 m以下的路边或灌丛地带。

特征 Characteristic

丛生直立生长，分枝较少。羽状复叶，小叶革质，具光泽，叶片椭圆状披针形，全缘，平时为绿色，秋冬季会变红色。圆锥状花序较大，花白色。浆果球形，成熟后为红色或黄色。

十大功劳

Mahonia fortunei

互生

1~2 m

7~10 月

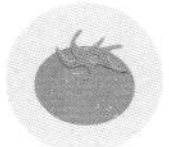
9~11 月

参数 Data

科名： 小檗科

属名： 十大功劳属

别名： 细叶十大功劳、狭叶十大功劳

分布： 我国西南、华南等地，常生长于海拔350~2 000 m的山坡灌丛或路边旷野地带。

特征 Characteristic

一回羽状复叶，小叶革质，披针形，叶缘具刺状锐齿。簇生总状花序，花瓣长圆形，花黄色，2轮生。浆果圆形或长圆形，蓝黑色，被白粉。

二球悬铃木

Platanus acerifolia

互生

25~30 m
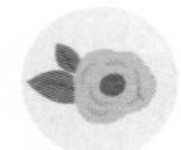
4~5 月

9~10 月

参数 Data

科名： 悬铃木科

属名： 悬铃木属

别名： 英国梧桐

分布： 我国东北、华中、华南等地区均有引种。是法国梧桐与美国梧桐的杂交种。

特征 Characteristic

树皮灰白、光滑，会大块脱落。叶绿色，两面均有柔毛，阔卵形。花瓣矩圆形，雄蕊长过花瓣。果球形，常两个生长于同一果梗，成熟后从绿色变橘红色，下垂状，有柔毛。

垂柳

Salix babylonica f. *babylonica*

互生

12~18 m

3~4月

4~5月

参数 Data

科名： 杨柳科

属名： 柳属

别名： 垂柳树

分布： 我国长江、黄河流域。生长于气候温润、光照充足的地区。

特征 Characteristic

树皮灰黑色，会开裂。枝条细长，淡褐黄色，呈下垂状。叶片绿色，背面颜色比正面淡，狭披针形，先端渐尖，叶缘有锯齿。花先于叶开放，花苞片披针形。果带黄绿褐色。

旱柳

Salix matsudana var. *matsudana*

互生

18~20 m

4月

4~5月

参数 Data

科名： 杨柳科

属名： 柳属

别名： 柳树、河柳

分布： 我国东北、华北、西北等地区。生长于海拔10~3 600 m的旱地或水湿地。

特征 Characteristic

树皮暗灰黑色，有纹裂，树干胸径可达80 cm。枝细长，向下垂。叶光滑无毛，叶背面苍白色，披针形。花叶同放，黄绿色。

胡杨

Populus euphratica

互生

13~15 m

5月

7~8月

参数 Data

科名： 杨柳科

属名： 杨属

别名： 胡桐

分布： 我国西北地区。生长于干旱、光照强的地带。

特征 Characteristic

树皮淡灰褐色，有裂纹。叶形多样，卵圆形、三角状卵圆形或肾形，叶缘有很多缺口。花药紫红色，苞片菱形。果长卵圆形，无毛。树干直径可达1.5 m。

毛白杨

Populus tomentosa var. *tomentosa*

互生

25~30 m

3~4 月

4~5 月

参数 Data

科名： 杨柳科

属名： 杨属

别名： 白杨、大叶杨

分布： 我国华北及华东地区。生长于海拔1500 m以下的平原地带。

特征 Characteristic

树皮幼时暗灰色，会逐渐变灰白，表面粗糙，有纵向裂纹，皮孔菱形散生，树冠圆锥形。叶片三角状椭圆形，叶缘有锯齿，先端渐尖，基部心形，叶表面光滑无毛，叶背面有毛。花苞片褐色，尖裂。果长卵形。

钻天杨

Populus nigra var. *italica*

互生

25~30 m

4~5月

6月

参数 Data

科名： 杨柳科

属名： 杨属

别名： 美杨

分布： 我国长江、黄河流域广为栽培。

特征 Characteristic

树皮暗灰色，树冠圆柱形。叶三角状卵圆形，叶缘有锯齿，先端渐尖，叶背面有明显纹脉。花序轴无毛，苞片淡褐色，顶端裂开。果卵圆形。

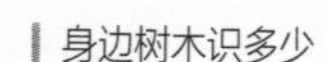

银杏

Ginkgo biloba

互生

12~40 m

4月

10月

参数 Data

科名： 银杏科

属名： 银杏属

别名： 白果、公孙树、鸭脚树

分布： 我国华北至华南的部分地区，为我国特产。生长于海拔500~1000 m的山林或路边地带。

特征 Characteristic

树皮灰褐色，有纵向裂纹。叶由绿变黄，无毛，扇形，顶部有波浪形缺口，有细长叶柄。花生长于枝顶端或叶腋内，多数密生。果圆球形，种皮肉质。

大果榆

Ulmus macrocarpa var. *macrocarpa*

互生

10~12 m

4~5 月

5~6 月

参数 Data

科名： 榆科

属名： 榆属

别名： 芜荑、黄榆、翅枝黄榆

分布： 我国东北、华北、华东及西北地区。生长于海拔700～1800 m的山坡、谷地、台地、黄土丘陵、固定沙丘及岩缝地带。

特征 Characteristic

树皮暗灰色或灰黑色，纵裂、粗糙。小枝淡黄褐色，有毛，有时具2～4条木栓翅。叶倒卵形，先端突尖，基部偏斜，叶缘有重锯齿；质地粗糙，厚而硬，表面有粗毛。花自花芽或混合芽抽出，在上一年生的枝上排成簇状聚伞状花序或散生于新枝的基部。果倒卵形，具黄褐色长毛。

朴树

Celtis sinensis

互生

18~20 m

3~4 月

9~10 月

参数 Data

科名： 榆科

属名： 朴属

别名： 黄果朴、白麻子

分布： 我国华南、华东等地。生长于海拔100~1500 m的山坡、路边地带。

特征 Characteristic

树皮灰色，平滑。叶基部偏斜，叶缘中部以上有粗钝锯齿，沿叶脉及叶腋被疏毛，先端渐尖。花生长于叶腋，杂性。果实成熟后为红褐色，近球形。

榆

Ulmus pumila

互生

18~20 m

3~4 月

4~6 月

参数 Data

科名： 榆科

属名： 榆属

别名： 榆树、白榆、家榆

分布： 我国东北、华北及西北地区。生长于海拔1000~2 500 m的山丘、谷地。

特征 Characteristic

树皮暗灰，有粗糙的纵沟裂；小枝浅黄，有毛。树冠卵球形。叶片纸质，倒卵形或椭圆状披针形，边缘有不规则单锯齿，先端锐尖。先花后叶，簇生在前一年小枝的叶腋，呈聚伞状花序。

九里香

Murraya exotica

互生

5~8 m

4~8 月

9~12 月

参数 Data

科名： 芸香科

属名： 九里香属

别名： 九秋香、九树香、七里香

分布： 我国华东、华南等地区。生长于气候温暖湿润的低矮丘陵或高海拔山地带。

特征 Characteristic

枝干灰白色。奇数羽状复叶，小叶互生，表面有光泽，椭圆状倒卵形，叶缘光滑无锯齿，先端渐尖。花白色，有香味，多数聚集生长，花瓣长椭圆形。果由橙黄变红。

楝叶吴萸

Evodia glabrifolia

对生

18~20 m

7~9 月

10~12 月

参数 Data

科名： 芸香科

属名： 吴茱萸属

别名： 山苦楝

分布： 我国华东、华南地区。生长于海拔500~800 m的山坡林地。

特征 Characteristic

树皮灰白色，不开裂，密生圆或扁圆形略凸起的皮孔。奇数羽状复叶，小叶对生，叶表面光滑无毛，叶背面灰绿色，叶缘有细钝齿，先端渐尖。花白色，数量多，聚生顶端呈头状。内果白色，分果瓣淡紫红色。

柚

Citrus maxima

轮生

6~10 m

4~5 月

9~12 月

参数 Data

科名： 芸香科

属名： 柑橘属

别名： 文旦、香栾

分布： 长江以南地区。生长在光照充足但忌过于强烈，土壤水分含量高的地带。

特征 Characteristic

叶深绿色，椭圆形，被有柔毛。花淡白色，总状花序腋生。果淡黄色或黄绿色，球圆形，果皮厚，带油包，带刺激清爽性气味，果肉汁多。

沉水樟

Cinnamomum micranthum

互生

14~20 m

7~8 月

10 月

参数 Data

科名： 樟科

属名： 樟属

别名： 大叶樟、萝卜樟

分布： 我国东南部地区。生长于海拔100~800 m的山坡、林地、路边及河水旁等地带。

特征 Characteristic

树皮黑褐色，坚硬较厚。枝条茶褐色，圆柱形。叶长圆形或椭圆形，羽状脉，边缘无锯齿，先端渐尖。花白色或紫红，无毛，有香气。果椭圆形，表皮光滑无毛。

红楠

Machilus thunbergii

互生　10~20 m　2月　7月

参数 Data

科名： 樟科

属名： 润楠属

别名： 小楠、楠柴

分布： 我国华东、华中、华南及东南等地区。生长于海拔800 m以下的山坡林地。

特征 Characteristic

树干粗壮，树皮黄褐色，老枝有少数纵向裂纹。叶表面光滑无毛，叶倒卵形或倒卵状椭圆形，羽状脉，叶背面有百粉，边缘平滑无锯齿，顶端渐尖。花序顶生或在新枝上腋生，无毛，长5~11厘米。

猴樟

Cinnamomum bodinieri

互生

13~16 m

5~6 月

7~8 月

参数 Data

科名： 樟科

属名： 樟属

别名： 香树、楠木、猴挾木、樟树

分布： 我国华南及西南地区。生长于海拔700~1400 m的路边、疏林丛地带。

特征 Characteristic

树皮红褐色，小枝暗紫色。叶卵圆形，叶表面光滑无毛，叶背面苍白色，密生绢毛。圆锥状花序腋生，裂片内有白色绢毛。果实绿色，成熟时黑红色，表面光滑无毛。

楠木

Phoebe zhennan

互生

25~30 m

4~5 月

9~10 月

参数 Data

科名： 樟科

属名： 楠属

别名： 楠树、桢楠、雅楠

分布： 我国西南等地区。生长于海拔1500 m以下的阔叶林地。

特征 Characteristic

树干通直，树皮灰黄色。叶由绿渐变黄，倒披针状，羽状脉，边缘无锯齿，先端渐尖。聚伞状圆锥形花序，被毛。果表皮绿色，有光泽，椭圆形。

肉桂

Cinnamomum cassia

互生

10 ~13 m

6~8 月

10~12 月

参数 Data

科名： 樟科

属名： 樟属

别名： 玉桂、牡桂、玉树、大桂

分布： 我国华东、华南地区。生长于气候温暖、阳光充足的沙丘、斜山坡地。

特征 Characteristic

树皮灰褐色。枝条黑褐色，有纵向细条纹。叶表面光泽无毛，三出脉；叶背面淡绿色，有少量短绒毛。花白色，生成聚伞状圆锥形。果成熟时黑紫色。

天竺桂

Cinnamomum japonicum

互生

10~15 m

4~5月

7~9月

参数 Data

科名： 樟科

属名： 樟属

别名： 大叶天竺桂、竺香、山肉桂

分布： 我国的东南部地区。生长于海拔300~1000 m或以下地带。

特征 Characteristic

细枝条呈圆柱形，红褐色具有香味。叶表面光亮，离基三出脉近于平行，叶背面灰绿色，两面均无毛，边缘无锯齿。花呈聚伞状腋生，花被裂片，先端尖锐，外边无毛。果长圆形，表皮无毛。

厚壳树

Ehretia thyrsiflora

对生　8~10 m　10~11 月 翌年 4~6 月

参数 Data

科名： 紫草科

属名： 厚壳树属

别名： 松杨、大岗茶

分布： 我国华南、华东、西南等地区。生长于海拔100~1700 m的平原、山坡林地。

特征 Characteristic

树皮黑灰色，枝淡褐色。叶表面光滑无毛，椭圆形，叶缘无锯齿，先端渐尖。聚集伞状花序圆锥形，花呈白色。果橘黄色，球形，表皮光滑无毛。

朱砂根

Ardisia crenata var. *crenata*

互生 0.8~1.5 m 5~6 月 11~12 月

参数 Data

科名： 紫金牛科

属名： 紫金牛属

分布： 我国华东、华南。常生长于海拔430~1500 m的山坡、谷地。

特征 Characteristic

茎粗壮，不分枝。叶片坚纸质，椭圆形或长披针形，先端尖，叶缘有锯齿，或稍外翻、有疏齿。伞状花序排列成复伞状花序侧生，花瓣呈白色。果球形，深红色。

火焰树

Spathodea campanulata

对生

8~10 m

4~5 月

5~6 月

参数 Data

科名： 紫葳科

属名： 火焰树属

别名： 火烧花、喷泉树

分布： 原产非洲，我国热带气候地区有栽培。

特征 Characteristic

树皮灰褐色，较为平滑。树冠卵形。奇数羽状复叶，小叶全缘，呈宽椭圆形或卵圆形。顶生总状花序密集，排列成伞状，花萼像佛焰苞，花冠外显橘红色，内部黄色。蒴果黑褐色。

凌霄

Campsis grandiflora

对生　长 15~20 m　5~8 月　8~10 月

参数 Data

科名： 紫葳科

属名： 凌霄属

别名： 紫葳、苕华、过路蜈蚣

分布： 我国华东、华南、华中和西南地区有分布，华北地区有栽培。

特征 Characteristic

具气生根，茎部木质，表皮脱落，枯黄色。奇数羽状复叶，小叶卵形或卵状披针形，叶缘具齿，叶片无毛。花单生叶腋，花冠外面橙黄色，里面鲜红色。有蒴果。

猫尾木

Dolichandrone cauda-felina

对生

8~10 m

10~11 月

翌年 4~6 月

参数 Data

科名： 紫葳科

属名： 猫尾木属

别名： 猫尾

分布： 我国南部地区。生长于海拔200~300 m的林边或山坡地带。

特征 Characteristic

奇数羽状复叶，深绿色，小叶片长圆形，偶有斜生，无叶柄，前端渐尖，两面无毛。花序总状，白色，形大，花冠黄色，漏斗状。蒴果长，悬垂状，有黄色柔毛。

楸

Catalpa bungei

对生

8~12 m

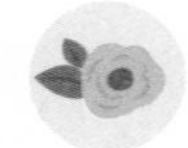
5~6 月

6~10 月

参数 Data

科名： 紫葳科

属名： 梓属

别名： 梓桐、金丝楸

分布： 我国华东、西南等地。生长于气候温暖、空气潮湿地带。

特征 Characteristic

小乔木，树干直。叶对生，叶三角卵状至宽卵状，叶缘无锯齿，先端渐尖，两面均无毛。伞房形总状花序顶生，花淡红色，花冠内有黄色条纹。蒴果线形。

梓

Catalpa ovata

对生

12~15 m

6~7 月

8~10 月

参数 Data

科名： 紫葳科

属名： 梓属

别名： 梓树、水桐、花楸

分布： 长江流域及以北地区。生长于海拔500~2 500 m的低山河谷地带。

特征 Characteristic

树干笔直，树冠伞形。叶片深绿色，叶掌大，阔卵形。花序呈圆锥状顶生，花梗有疏毛，花冠浅黄色钟状，边缘呈波浪状。蒴果深褐色，线形，下垂。

桄榔

Arenga pinnata

互生

5~10 m

6 月

两年后成熟

参数 Data

科名： 棕榈科

属名： 桄榔属

别名： 莎木、糖树、砂糖椰子

分布： 我国南部及西南局部地区。生长在气候温暖湿润的地带。

特征 Characteristic

树干直径可达15~30 cm。叶簇生在茎的顶端，羽状全裂，羽片呈2列排列，线形或披针形，叶表面绿色，叶背面苍白色。花序腋生，粗壮梗多分枝。果实灰褐色，近球形。

海枣

Phoenix dactylifera

互生

25~35 m

3~4 月

9~10 月

参数 Data

科名： 棕榈科

属名： 刺葵属

别名： 枣椰子、仙枣、波斯枣

分布： 原产西亚和北非，我国南部地区有栽培。

特征 Characteristic

乔木状，茎具宿存在叶柄基部。羽状叶披针形，叶柄细长，叶片顶端尖。花白色，密集圆锥状花序，花瓣圆形。果实成熟变深橙色，果肉肥厚。

金山葵

Syagrus romanzoffiana

互生　10~15 m　2月　11月~翌年3月

参数 Data

科名： 棕榈科

属名： 金山葵属

别名： 皇后葵、女王椰子

分布： 原产巴西，我国南方地区常见栽培。

特征 Characteristic

乔木状，树干直径20~40 cm。叶绿色，羽状全裂呈披针形，顶端稍疏离，先端渐尖，微弯曲下垂。花腋生，多数花序密集生长于叶腋。果近球形，表皮光滑。

蒲葵

Livistona chinensis

互生

5~20 m

4月

4月

参数 Data

科名： 棕榈科

属名： 蒲葵属

别名： 扇叶葵、蒲扇

分布： 我国南部地区。生长于气候温暖湿润的地带。

特征 Characteristic

乔木状，树干基部膨大。叶掌状，由边缘分裂至中部，分裂叶片呈披针状，顶端尖，叶柄长。花形小，花丝稍粗。果椭圆形，黑褐色，簇生于树干顶部。

散尾葵

Chrysalidocarpus lutescens

互生

2~5 m

5月

8月

参数 Data

科名： 棕榈科

属名： 散尾葵属

别名： 黄椰子

分布： 原产于马达加斯加，我国热带气候地区有栽培。

特征 Characteristic

常丛生，茎基部会膨大。叶片羽状全裂，裂片纤长呈披针形，黄绿色，叶表面有蜡质白粉。圆锥状花序生长在叶鞘下面，花瓣3枚，金黄色。果实椭圆形，土黄色，成熟干后变紫黑色。